每天一杯，

內在 & 外在都加分。

取自大自然的天然食材，

無負擔地對症下藥，

用短短數分鐘的時間，

輕鬆換來更自在的未來！

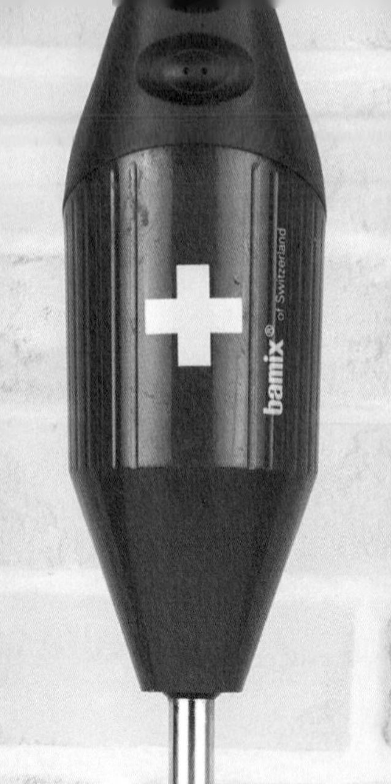

Preface

用自療飲品守護
自己與家人的健康

身為家有兩個兒子的媽，我最在意孩子吃得是否健康、營養均衡。

雖然我知道不論做什麼料理，兒子都很捧場，通通都說好吃；研發新菜時，他們也樂於當我的「白老鼠」，試吃各種成功或失敗的料理。但隨著市面上越來越多食品有塑化劑、人工添加物的風險，我開始在想「如何為我在乎的人創造最健康又不失美味的飲食」？

我習慣在孩子早上出門前打一杯熱熱的穀漿當早餐，平時打一杯健康的蔬果飲補充元氣，讀書時準備一杯補腦的飲品，或是睡前沖杯幫助睡眠的飲品，讓忙碌的他們能夠用喝的就快速補充豐富的營養。

前幾年我的媽媽罹癌，為了幫她補充元氣，我每天堅持自己精煉雞精、洋蔥精，只要看她喝下時開心的神情我就心滿意足。因此，幫家人做出健康的料理就是我生活中最大的幸福。

熱愛下廚的我，總喜歡沉浸在做料理的喜悅中。為了給家人最好吃的美食，不論要準備多少材料、花多少心思試做，我都樂在其中。不過，前陣子和身邊一些平常忙於工作的朋友聊天時，才發現他們為了工作，常常三餐都隨便吃，更別說是花時間自己下廚了。

對我來說，照顧身體的健康比什麼都重要。出一本「省時、省力、營養滿分」的書，讓更多人可以從生活中實踐「天天一杯有感，喝了就上」的目標，是我寫這本書的初衷。

這本書能夠順利完成，要謝謝我的好朋友楊平，有了她平時和我聊東聊西，我才知道一般讀者或不常下廚的人製作飲品可能會遇到的問題。

還要感謝陳詩婷營養師，有了她專業的協助，我才能設計各種不同功效的食譜，從各種富含不同營養素的食材中，創造一杯又一杯兼具口感與營養的飲品。

Preface

懶人也能輕鬆創造美味飲品

哈囉，大家好，我是楊平，很開心和微微蔡老師合作的第二本書誕生啦！

因為主持工作的關係，我時常要留意自己在鏡頭前看起來是否夠瘦、夠美、氣色夠好？外表可以靠化妝品和衣服修飾，但好氣色、有活力，則是不管怎麼化妝都效果有限。尤其做節目不能常請假，又常忙到三餐亂吃，所以如何打造不易生病的體質對我來說非常重要。我看微微蔡老師常常上節目示範健康料理，便向她訴說上述這些煩惱。

身為「養生控」的微微蔡老師總耳提面命要我好好下廚，煮些營養的東西補身體。但本身是個料理菜鳥的我，根本就懶得花時間採買食材，動手做料理。所以當她提到想出這本書時，我就滿心期待，因為只要將所有食材打一打就完成，對我這種懶人來說實在太適合啦！

我喜歡享受美食，但老實說，聽到蔬果汁我就想逃，害怕滿滿的菜味讓人難以下嚥。不過呢，知我莫若微微蔡，她總是會在給我試喝的飲品中搭配我最愛的蜂蜜、黑巧克力、堅果……讓我對蔬果汁、養生飲品大改觀。

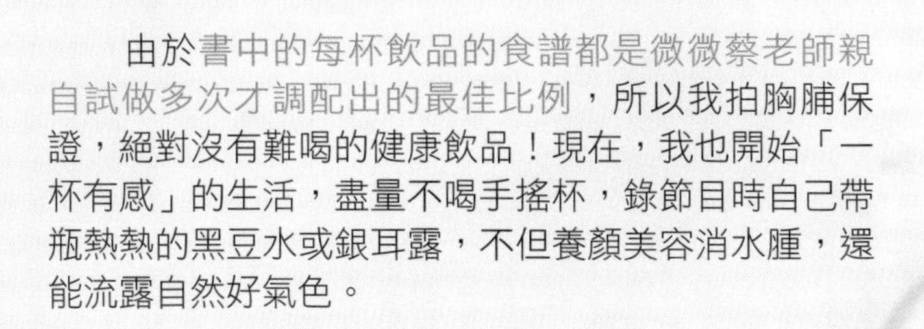

由於書中的每杯飲品的食譜都是微微蔡老師親自試做多次才調配出的最佳比例，所以我拍胸脯保證，絕對沒有難喝的健康飲品！現在，我也開始「一杯有感」的生活，盡量不喝手搖杯，錄節目時自己帶瓶熱熱的黑豆水或銀耳露，不但養顏美容消水腫，還能流露自然好氣色。

這本書我做得很開心，也希望能將自己親身體驗到的養生生活傳達給大家。謝謝陳詩婷營養師在製作本書時，常聽我問一些只有料理新手才會問的蠢問題，還告訴我哪些食材互相搭配能有特別的功效，為了讓讀者也能了解這些，我們特別在書的最後面收錄「本書各食材的營養素與功效」，非常方便查找、一目了然。

最後，希望大家能從這本書更加重視健康的飲食，每天元氣百分百！

楊平

Contents

Chapter 1
輕瘦降脂：
不需斷食也能打造窈窕身材！

Chapter 2
增強免疫：
蔬果是最天然的保健食品！

Chapter 3

排毒順暢：

擺脫排便卡卡、小腹凸凸！

Chapter 4

紓壓放鬆：

甩掉壓力，找回愉悅好心情！

Chapter 5

強健腦力：

輕鬆健腦，提升記憶力與專注力！

Chapter 6

活力好眠：

提升代謝氣色好，幫助睡眠安穩睡！

——寫在本書之前——

實踐每日一杯的活力來源

你知道嗎？好氣色除了依靠化妝品，內在的調理也很重要喔！健康的人容光煥發，會由內而外散發好氣色，就算素顏還是看起來很有精神。飲食與健康、生活密不可分，只要藉由新鮮的食材，就能補充身體所需的能量，是最天然的保健食品。

一杯即可取代正餐，再忙碌也能攝取所需的營養喔！

早餐來杯穀漿類或溫熱飲，只要將前一晚冷凍的黃豆糙米打成漿，或是泡杯燕麥，加點隨意切的水果、堅果，就能攝取豐富又充足的營養；午餐或晚餐自己打一杯蔬果汁，只要將所有食材通通用料理棒輕鬆一打，立即享用美味健康的好滋味，就算忙碌也能輕鬆獲得完整營養素！

一杯取代手搖杯，避免攝取過多糖分與人工添加物！

許多人戒不了喝含糖飲料的習慣，總習慣一天一杯手搖杯，但食材不透明、冰塊不衛生，你喝得安心嗎？小心不知不覺中攝取過多糖分與人工添加物喔！只要照著書中步驟簡單、食材易得的食譜做，懶人也能輕鬆自製，健康帶著走！

不愛蔬果汁？先從喜愛的食材開始嘗試吧！

許多人之所以抗拒蔬果汁，是因為覺得自己平時就很討厭吃菜了，還要把那些地瓜葉、水果之類的打在一起喝掉，想必一定充滿菜味、難以下嚥！？若你是比較不習慣喝健康飲品的人，一開始不妨先從「自己喜歡的食材」下手，例如打一杯草莓優格冰沙、花生巧克力牛奶、奇異果多多，再慢慢嘗試加一點蔬菜的芹菜紅蘿蔔蘋果汁，相信一定會漸漸愛上這些健康又美味的飲品。

揚平的料理菜鳥小心聲

享受美食我衝第一，但看到健康飲品我卻想逃。注重養生的微微蔡老師每次看我挑食都直搖頭，有天她用我最愛的藍莓打一杯「藍莓菠菜banana」，再三保證她的果汁都親調黃金比例、反覆試驗的完美好味道，我才勇敢嘗試，想不到一喝就愛上了，自此也開啟我天天實踐一杯有感的契機。

——寫在本書之前——

現打現喝最新鮮，喝進完整營養素

蔬果汁建議打完的3～5分鐘內要喝掉，若放置時間過久，飲品會因光線及溫度破壞維生素效力，使得營養價值變低。因此「現打現喝」才能發揮最大效用，攝取較完整的營養素。

【市售&自製蔬果汁比一比】

	市售蔬果汁	一杯有感自製蔬果汁	
食材	無法確保食材新鮮度。	自己買的食材透明又安心。	勝
價格	市售現打的較為昂貴，非現打的雖然便宜，但不能確保新鮮度。	可根據自己家中剩餘食材製作，經濟又實惠。	勝
添加物	可能添加香料、色素，或是以原汁稀釋。	自己製作，可依喜好搭配天然食材，較新鮮健康。	勝
農藥殘留	市售果汁可能未仔細清洗食材，導致農藥殘留。	自己在家製作，可以仔細清洗各種食材，喝了更安心。	勝
容器	市售蔬果汁多置於塑膠瓶、塑膠杯，可能會有塑化劑的問題。	現打現喝最新鮮，若要帶出門，可選用家中現有的玻璃罐或其他密封瓶。	勝

一杯有感聰明喝小訣竅

針對不同功效選擇適合自己的飲品

不同的食材富有不同的營養素，例如菠菜富含維生素B群，可改善疲倦、精神不集中等現象；紅豆和薏仁可以幫助消水腫、促進血液循環；優格可促進腸道蠕動，改善便祕。書中將所有飲品依功效分成輕瘦降脂、增強免疫、排毒順暢、紓壓放鬆、強健腦力、活力好眠六大篇，提供大家針對所需選擇適合自己的飲品。

食材的選擇

蔬果汁的食材建議選擇當令的為佳，因為較新鮮、營養價值高，且較無因冷凍保存而喪失營養素的問題。

讓飲品更好喝的祕訣

初試蔬果汁的人，可以依自己的喜好添加檸檬汁或蜂蜜。檸檬汁可以補充維他命C，蜂蜜則有潤腸排便的作用，且這兩項和許多食材的味道都很搭。若是打穀漿類的，可以添加堅果碎。堅果豐富的單元不飽和脂肪酸，有利於降低壞膽固醇、提高好膽固醇，減少心血管疾病發生。只要將堅果用乾鍋烘烤後打碎，加入飲品不但可增添香氣，還可補充營養。不過堅果的熱量較高，建議一天攝取量不要超過一小匙，否則易有肥胖危機。

工具的選擇

蔬果汁的必備工具就是果汁機或料理棒，不論選擇哪一種，首要的考量須為「容易清洗」和「馬達夠力」。

料理棒搭配工具

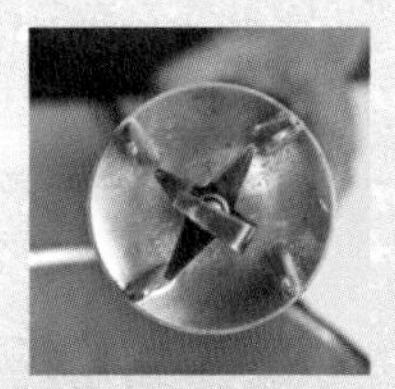

十字多功能刀頭
具有絞碎、攪拌、研磨等功能，可用於果汁、米穀漿、冰沙、冰淇淋、副食品、濃湯、果醬等等。

S形刀頭
適合切碎高纖蔬菜。

圓形打發刀頭
可打發蛋白、奶油霜、鮮奶油等。

研磨盒
可將食材研磨成粉狀或醬狀，例如黑芝麻粉、花生醬等等。

——寫在本書之前——

蔬果是最天然的營養品

相信大家都聽過「一天一蘋果，醫生遠離我」、「番茄紅了，醫生的臉就綠了」等西方諺語，真正的天然營養，是新鮮的蔬菜和水果。根據美國農業部的飲食指南，認為「食物」是最好的營養來源，能夠提供天然營養素，例如類鉀、維生素、胡蘿蔔素，都廣泛存在於多種蔬菜水果中。

食材中的營養素能相互作用

某些特定的營養素配一起攝取時，能夠有加成的吸收效果。例如書中的「紅莧菜加C」（p.110），富含維生素C的柳橙搭配紅莧菜，可加速鐵的吸收。

植化素（Phytochemicals）

蔬菜與水果除了含有維生素、礦物質及纖維質外，還有數千種不同的天然化合物，稱為植化素。蔬果之所以有五顏六色的天然色素和吸引人的氣味，正是因為植化素的關係。植化素可活化免疫細胞，防止細胞氧化，具有防老、抗癌之效果，可降低癌症發生的機會！

紅色奇蹟：茄紅素

茄紅素具有很強的抗氧化作用，有助於抑制自由基對身體的破壞，不但可以抗氧化和抗老化，還能提升身體免疫力。此外，茄紅素可降低體內壞膽固醇，也能避免血小板聚集形成血栓，可預防心血管疾病。由於人體內無法自行產生茄紅素，因此必須藉由膳食中獲得，其中番茄須經油烹煮，較能釋放茄紅素。

★茄紅素食材：番茄、西瓜、葡萄柚、草莓、木瓜等

橘黃色奇蹟：類胡蘿蔔素、類黃酮素

能抗氧化、衰老，同時改善消化系統，保護心血管與延緩皮膚老化，維持視力健康等作用。

★類胡蘿蔔素食材：胡蘿蔔、南瓜、地瓜
★類黃酮素食材：甜玉米、檸檬、柑橘等

綠色奇蹟：葉綠素、葉黃素

葉黃素可透過吸收藍光來保護眼睛，讓藍光不會直接影響到眼睛。簡單來說，它就像太陽眼鏡可以保護或預防眼睛，免於藍光光線的傷害。葉綠素的結構與人體的血紅素（功能為攜帶氧氣）相似，唯一的差別是血紅素中心的原子是鐵離子，葉綠素為鎂離子。假使我們多攝取富含葉綠素的深綠色蔬菜，葉綠素原子中心「鎂」會被「鐵」取代，使葉綠素更容易轉化成體內的血紅素，提高身體帶氧量。

★食材：綠色蔬菜、茶葉等

紫色奇蹟：花青素

花青素可清除自由基、抗人體低密度脂蛋白的氧化、增強免疫力、預防高血壓等，還可防癌、抗老，同時也是很好的護眼營養素。

★食材：葡萄、茄子、草莓、藍莓、桑葚

白色奇蹟：硫化物

有機硫化物不僅提供氣味，也促使體內排除致癌物質的酵素活性增加，特別是能夠抑制腸胃道細菌將硝酸鹽轉變為亞硝酸鹽，進而阻斷了後續的致癌過程。除此之外，硫化物還具有淨化血液、降體脂肪、預防高血壓、高血脂、抗氧化、活化神經傳導物質的效果。

★食材：洋蔥、青蔥、大蒜、白蘿蔔

——寫在本書之前——

本書食譜指南

書中將所有飲品依不同功效分為6個章節，幫助大家依自己的需求尋找適合自己的對症飲品，一天一杯超有感。

CH1【輕瘦降脂】：不需斷食也能打造窈窕身材！

高血壓、高血脂與日常的飲食習慣密不可分，脂肪代謝更是許多人的困擾，甚至為了瘦身而選擇斷食。想要瘦得健康、瘦得有效，比起不吃，吃對食材才是關鍵。本篇以天然的降脂食材設計出健康美味的飲品，讓你降低體脂肪，身材窈窕不費力！

CH2【增強免疫】：蔬果是最天然的保健食品！

不同的食材含有不同的營養素，例如蒜頭富含蒜素，具有抗氧化的作用，可以減少人體產生自由基及抑制癌細胞的增殖與生長。本篇結合多種提升免疫力、預防癌症的天然食材，讓你增強體質少生病，喝出健康好滋味！

CH3【排毒順暢】：擺脫排便卡卡、小腹凸凸！

許多人排便時經常使盡全身力氣，卻感到卡卡不順，你也有這樣的困擾嗎？會便祕的人平時大多纖維素或水分攝取不足，本篇利用能幫助腸胃蠕動、改善消化的食材，精心設計好喝又能改善腸道問題的飲品，讓你喝了一杯有感，從此順暢！

CH4【紓壓放鬆】：甩掉壓力，找回愉悅好心情！

生活繁忙、情緒緊繃、壓力大時，別再吃大餐紓壓了，來杯自己現打的新鮮飲品吧！本篇嚴選多種紓壓食材，例如能舒緩緊繃感、幫助情緒穩定的香蕉，能改善疲勞、提神抗壓的芭樂，都是讓心情愉悅的天然好食材。只要將食材打成汁，就能輕鬆攝取營養素，讓身體慢慢變輕盈，心情也獲得放鬆！

CH5【強健腦力】：輕鬆健腦，提升記憶力與專注力！

大腦是我們神經系統的首領，不管是腦力發育時期的小朋友，學業繁重的青少年，忙於工作的成年人，還是記憶力下降的老年人，都需要關心大腦健康。本篇利用能提供大腦所需能量，並提升記憶力、專注力的食材，讓你一杯有感，補充大腦的營養！

CH6【活力好眠】：提升代謝氣色好，幫助睡眠安穩睡！

氣色不好、疲倦沒活力？試試能幫助新陳代謝的健康飲品；晚上睡不著、神經緊繃又淺眠？試試能安定神經、促進良好睡眠的飲品吧！本篇前半部（蔬菜泥湯咖哩～洋蔥味噌紅蘿蔔杯湯）為提升代謝氣色好的活力飲品，後半部（納豆香蕉黑糖蜜～牛蒡紅蘿蔔湯）為幫助睡眠的好眠飲品。

Chapter 1

輕瘦降脂：

不需斷食也能打造窈窕身材！

Banana Yogurt

香蕉優格

香蕉可以降低血壓值，補充膳食纖維，還具有抗憂鬱的效果。新鮮香甜的香蕉搭配清爽微酸的優格冰磚，健康滿滿喝進肚，不僅能防止脂肪堆積還可以整腸助排便！

食材：

香蕉1/2根、優格冰磚6個（將優格放入製冰盒冷凍成冰磚）、綜合堅果1大匙

使用器具：

- 料理棒（若無料理棒，亦可使用果汁機，但需挑選馬力夠、可打冰塊的，因為一般機種的刀片為利刀，較易磨損）
- 易拉轉

做法：

1. 用料理棒（搭配十字刀頭）打勻香蕉與優格冰磚。
2. 將綜合堅果用易拉轉打碎，加入步驟1的香蕉優格即可完成。

食用香蕉的注意事項與禁忌

1. 香蕉性寒，腸胃不佳者不要空腹吃，因胃寒或是脾胃虛弱的人空腹吃香蕉對胃不好且易腹瀉。此外，空腹吃香蕉還會加快腸胃的蠕動，促進血液循環，增加心臟負荷。
2. 香蕉鉀含量高，可平衡人體內多餘的鈉，改善由鈉引起的高血壓，但有腎功能疾病的人應控制分量；糖尿病患則1天最多吃1條。

WALK IT OFF.
Get Over Yourself./Know Yourself, First
What?
I could eat a
BELIEVE

Chocolate Banana Smoothie

香蕉巧克力牛奶冰沙

又香又濃的香蕉巧克力牛奶冰沙是大人小孩都愛的甜蜜滋味，甜甜的香蕉搭配微苦的黑巧克力與香醇牛奶，在家就能自己創造清新享受的美好體驗。

食材：

冷凍香蕉1根、牛奶冰磚12個（將牛奶放入製冰盒冷凍成冰磚）、黑巧克力1大匙、綜合堅果1大匙

使用器具：

- 料理棒（若無料理棒，亦可使用果汁機，但需挑選馬力夠、可打冰塊的，因為一般機種的刀片為利刀，較易磨損）
- 易拉轉
- 不鏽鋼鍋

做法：

1. 黑巧克力先入鍋隔水加熱融化備用。
2. 綜合堅果以易拉轉打碎。
3. 將冷凍香蕉與牛奶冰磚以料理棒（搭配十字刀頭）打成泥。
4. 淋上黑巧克力、撒上打碎的堅果即完成。

LOVE

Chocolate Oatmeal with Fresh Fruit

水果燕麥巧克力奶

早上沒時間做早餐？來杯燕麥吧！燕麥能降血壓、消血脂，只要將燕麥用熱水一沖，再隨便切點水果，搭配可口的巧克力牛奶，就能輕鬆搞定營養豐富的早餐。

食材：

燕麥6大匙（以熱水淹過燕麥泡軟）、香蕉1/2根、蘋果1/4個、奇異果1/2個、巧克力牛奶100ml（常溫或冰的）

使用器具：

- 料理棒（若無料理棒，亦可使用果汁機）

做法：

1. 燕麥用熱水先泡軟瀝乾。
2. 將香蕉與巧克力牛奶以料理棒（搭配十字刀頭）拌勻後，將泡軟的燕麥沖入杯中。
3. 將蘋果與奇異果切丁加入裝飾即可完成。

楊平的料理菜鳥小心聲

之前我問微微蔡老師有沒有又能瘦身又不難吃，重點是做法簡單的食譜。當她給我這份食譜時，果然是知我莫若微微蔡啊，這杯水果燕麥巧克力奶完全適合像我這樣的料理懶人，而且她還貼心地在食材設計上用到我最愛的巧克力牛奶，讓我喝了對以前毫無興趣的水果燕麥大改觀！

Pineapple and Bitter Gourd Juice

鳳梨苦瓜汁

食材：

鳳梨60g、苦瓜（含籽）60g、冰水250ml、蜂蜜（依個人喜好添加）

Apple, Pineapple and Bitter Gourd Juice

鳳梨蘋果苦瓜汁

食材：

鳳梨30g、蘋果30g、苦瓜（含籽）60g、冰水250ml

鳳梨苦瓜汁&鳳梨蘋果苦瓜汁使用器具：

- 料理棒（若無料理棒，亦可使用果汁機）

鳳梨苦瓜汁&鳳梨蘋果苦瓜汁做法：

將所有食材一起入鋼杯中，以料理棒（搭配S刀頭）打勻即可完成。

鳳梨蔬果汁

食材：

鳳梨60g、蘋果20g、西洋芹20g、苦瓜20g、檸檬1/2顆、水300ml、蜂蜜（依個人喜好添加）

使用器具：

- 料理棒（若無料理棒，亦可使用果汁機）
- 榨汁器

做法：

1. 將檸檬擠汁。
2. 將所有食材一起入鋼杯中，以料理棒（搭配S刀頭）打勻即可完成。

食用鳳梨的注意事項與禁忌

這三杯以鳳梨為主食材打的蔬果汁，入口冰涼酸甜，非常好喝喔！但由於鳳梨的纖維粗，容易刺激腸胃道，因此不宜空腹食用。此外，腸胃道手術患者在術後修復期，也應避免攝取鳳梨。

Carrot Orange Juice

澄紅鮮果飲

紅蘿蔔含豐富維生素，能保健眼睛和皮膚，搭上酸甜橙汁，消暑、養身，一杯兼顧。

食材：

紅蘿蔔1/2條、柳橙1顆、蜂蜜（依個人喜好添加）、冰塊適量

使用器具：

- 料理棒（若無料理棒，亦可使用果汁機，但需挑選馬力夠、可打冰塊的，因為一般機種的刀片為利刀，較易磨損）
- 不鏽鋼鍋（或電鍋）
- 榨汁器

做法：

1. 以不鏽鋼鍋先將紅蘿蔔煮熟並加冰塊，用料理棒打成泥。
2. 柳橙壓汁加入。
3. 最後依個人喜好添加蜂蜜即可完成。

食用柳橙的注意事項與禁忌

柳澄的含鉀量高，腎臟功能差的人應忌食；柳澄的甜度高，糖尿病的患者不宜吃太多。

木瓜柚鮮果飲

木瓜的獨特香氣搭上酸甜葡萄柚汁，滋味鮮美好入口，豐富的木瓜酵素還能幫助排便順暢。

食材：

木瓜120g、葡萄柚1/2顆、冰塊適量（依個人喜好添加）、水適量

使用器具：

- 榨汁器
- 料理棒（若無料理棒，亦可使用果汁機，但需挑選馬力夠、可打冰塊的，因為一般機種的刀片為利刀，較易磨損）

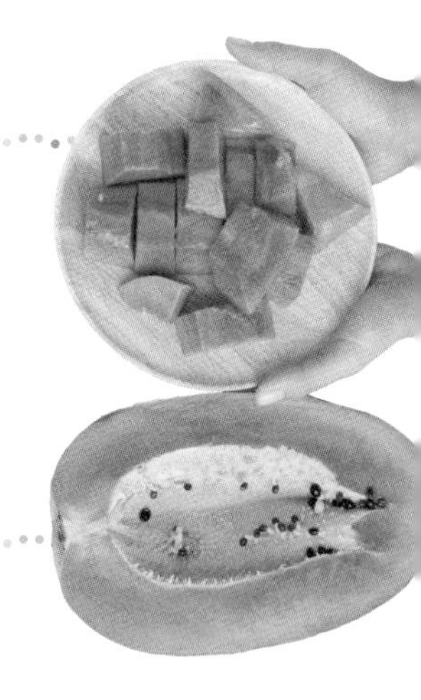

做法：

1. 將葡萄柚1/2顆榨汁。
2. 將木瓜、冰塊、水以料理棒打成泥後，加入葡萄柚汁即可完成。

Blueberry and Lemon
Cashew Smoothie

檸香藍莓
堅果冰沙

假日在家的悠閒午後，不如給自己來杯沁涼冰沙，搭著少許堅果，增加口感又能增強免疫力。

食材：

冷凍藍莓100g、檸檬1/2顆、蜂蜜適量、蘋果60g、腰果1大匙

使用器具：

- 料理棒（若無料理棒，亦可使用果汁機，但需挑選馬力夠、可打冰塊的，因為一般機種的刀片為利刃，較易磨損）
- 榨汁器

做法：

1. 將檸檬1/2顆榨汁。
2. 藍莓和檸檬汁冷凍成冰磚。
3. 將做法2的冰磚打成冰沙。
4. 將蘋果切丁加入冰沙，再加入腰果後，淋上蜂蜜。
5. 最後將檸檬皮刨入即可完成。

Avocado Milkshake

酪梨牛奶

富含優質脂肪的新鮮酪梨，簡單加入牛奶打成汁，就成為每日早晨的飲品新選擇，輕鬆開啟活力開端。

食材：

酪梨1/2顆、牛奶250ml、冰塊適量

使用器具：

- 料理棒（若無料理棒，亦可使用果汁機，但需挑選馬力夠、可打冰塊的，因為一般機種的刀片為利刀，較易磨損）

做法：

所有食材入杯，以料理棒打勻即完成。

食用酪梨的注意事項與禁忌

1. 酪梨最多一天吃一個。因為酪梨在食物分類上是「脂肪」，而非水果，因此並非一般人想像中的「輕食」選擇，攝取不宜過量。
2. 酪梨一定要現切現吃，否則氧化發黃營養素會流失。

Tomato and Avocado Juice

茄蜜酪梨鮮飲

口感清爽的酪梨含有讓豐富的不飽和脂肪酸，有助於降低體內膽固醇，搭配透紅酸甜的番茄平衡了酪梨清淡的草苔味，更能幫助茄紅素吸收，預防老化、補充維他命，餐前一杯就能有濃濃飽足感。

食材：

牛番茄1個、酪梨1/2個、冰塊適量、蜂蜜適量（依個人喜好添加）

使用器具：

- 料理棒（若無料理棒，亦可使用果汁機，但需挑選馬力夠、可打冰塊的，因為一般機種的刀片為利刀，較易磨損）
- 不鏽鋼鍋

做法：

1. 番茄去皮煮熟後加入蜂蜜，以料理棒打成泥。
2. 將做法1的番茄泥與酪梨、冰塊一起以料理棒打成鮮果汁即完成。

微微蔡貼心小叮嚀

番茄去皮口感較佳，且煮過的番茄可增加三倍的茄紅素吸收率，可以促進調節脂肪與血糖的荷爾蒙分泌，燃脂更穩定血糖。

Happy

Potato and Avocado Smoothie

酪梨薯泥牛奶

酪梨搭配馬鈴薯能有效預防老化、調節血壓，小小一杯就是健康輕食餐，忙碌之餘也能輕鬆補充營養。

食材：

馬鈴薯1/2顆、酪梨1/2個、牛奶250ml、核桃碎1小匙

使用器具：

- 料理棒（若無料理棒，亦可使用果汁機）
- 不鏽鋼鍋

做法：

1. 馬鈴薯蒸熟待冷後以料理棒打成泥。
2. 在做法1的馬鈴薯泥中加入酪梨及牛奶，以料理棒打成飲品。
3. 最後撒上核桃碎即完成。

Avocado and Apple Green Juice

酪梨蘋果蔬果汁

一杯富含綠色蔬菜的蔬果汁，是外食族的最佳選擇。搭上酸甜鳳梨、青蘋果，口感兼具，營養滿分。

食材：

青蘋果1/2顆、鳳梨100g、燙熟菠菜60g、檸檬汁10ml、小黃瓜半根、酪梨1/4顆、冰開水適量

使用器具：

- 料理棒（若無料理棒，亦可使用果汁機）

做法：

1. 將所有食材先清洗乾淨並切適量大小。
2. 用料理棒（搭配S刀頭）將食材全打成汁即可飲用（無需過濾，以保留纖維質）。

微微蔡貼心小叮嚀

這杯含有豐富的葉綠素，能為血液充氧並鹼化身體，也包含所有必需胺基酸、脂肪酸和維生素及礦物質。

Kiwi Yakult Drink

奇異果多多

奇異果能有效降低膽固醇，搭配大人小孩都愛的多多，酸甜滋味讓人回味無窮。

食材：

奇異果1顆去皮、多多（乳酸菌飲料）100ml、冰塊適量

使用器具：

- 料理棒（若無料理棒，亦可使用果汁機，但需挑選馬力夠、可打冰塊的，因為一般機種的刀片為利刀，較易磨損）

做法：

將所有食材入杯，以料理棒打勻即完成。

食用奇異果的注意事項與禁忌

1. 奇異果性寒，不宜多食。
2. 吃了奇異果別馬上喝牛奶，因為維生素C易與奶製品中的蛋白質凝結成塊，影響消化。

芹菜紅蘿蔔蘋果汁

芹菜除了能有效降血壓外，搭配蘋果更是相輔相成，消水腫、幫助體內水分排出，一杯入口益處多多。

食材：

紅蘿蔔1/2個、芹菜80g、蘋果80g、水適量、蜂蜜適量、冰塊適量

使用器具：

- 料理棒（若無料理棒，亦可使用果汁機，但需挑選馬力夠、可打冰塊的，因為一般機種的刀片為利刀，較易磨損）
- 不鏽鋼鍋

做法：

1. 將紅蘿蔔先煮熟壓成泥。
2. 將做法1的紅蘿蔔泥加上芹菜、蜂蜜、蘋果、冰塊及水，用料理棒（搭配S刀頭）打成果汁。

食用芹菜的注意事項與禁忌

芹菜有降低血壓之效，平時服降血壓藥的人應謹慎。

Sweet potato, Red Bean and Peanut Milk

地瓜紅豆花生牛奶

充滿古早味的紅豆花生牛奶，讓人想起兒時的美好回憶，地瓜和花生的搭配，更能加成降血脂效果。

食材：

地瓜120g、紅豆1大匙、花生1大匙、牛奶適量（可依個人喜好加冰的或熱的牛奶）

使用器具：

- 料理棒（若無料理棒，亦可使用果汁機）
- 壓力鍋（若無，亦可使用電鍋，但所需時間較長）

做法：

1. 花生、紅豆燙過後放冷凍庫冰過，再用壓力鍋煮熟。
2. 將帶皮地瓜蒸熟。
3. 將做法1與2以料理棒全打成泥，再加入牛奶打勻即可完成。

微微蔡貼心小叮嚀

地瓜只要有清洗乾淨，就可以帶皮一起吃。帶皮吃不但能增加膳食纖維攝取，還能幫助多餘脂肪排出，瘦身效果更好喔！

Apple, Pineapple and Okra Juice

秋葵蘋果鳳梨汁

秋葵能減少脂肪在血管內的堆積，搭上蘋果、鳳梨和檸檬，酸甜滋味，口感與營養兼顧。

食材：

秋葵4根、蘋果80g、鳳梨100g、檸檬汁10ml、冰水100ml

使用器具：

- 料理棒（若無料理棒，亦可使用果汁機）

做法：

1. 秋葵整株入鍋水煮，煮熟後起鍋切小段。
2. 將秋葵與蘋果、鳳梨、檸檬汁加冰水一起打成果汁即可完成。

微微蔡貼心小叮嚀

秋葵是營養價值很高的食材，尤其裡頭的籽與膠液，可以幫助消化、保護皮膚和胃黏膜，因此最好的吃法就是整株烹飪，不要切開煮。

Wood Ear
Mushrooms Drink

黑木耳露

外食族蔬菜攝取不足，下午茶來杯冰涼的黑木耳露，有效促進腸胃蠕動，幫助排便。

食材：

黑木耳2朵、水（黑木耳3倍的水量）

使用器具：

- 易拉轉（若無，亦可使用刀子或食物剪刀）
- 壓力鍋（若無，亦可使用電鍋，但所需時間較長）

做法：

黑木耳泡軟後用易拉轉拉5下切碎，加3倍的水，入壓力鍋煮25分鐘待涼即可完成。

微微蔡貼心小叮嚀

自己煉黑木耳露就不用擔心市售甜度過高，煉好一鍋、待涼後，置冰箱冷藏保存，想吃時，可添加各種食材，多重組合出更多養身飲品。

Wood Ear Mushrooms and Walnut Drink

黑木耳核桃露

核桃能降低膽固醇，香脆口感搭上濃稠黑木耳露，是適合四季的養身小甜品。

食材：

黑木耳露1杯（做法見p.044）、核桃15g、黑糖（依個人喜好添加）

使用器具：

- 平底鍋
- 易拉轉（若無，亦可使用刀子切碎）

做法：

1. 用平底鍋將核桃乾烤烤熟後，用易拉轉切成碎粒。
2. 將核桃碎加入黑木耳露。
3. 最後依個人喜好添加黑糖即可完成。

楊平的料理菜鳥小心聲

之前常聽說核桃非常營養，我都當零食吃，從沒想過可以搭配喝黑木耳露飲用。試喝微微蔡老師做的這杯「核桃黑木耳露」時，核桃經咀嚼後齒頰留香，再搭配滑順的木耳露，口感豐富又營養！

Wood Ear Mushrooms Soy Bean Pudding

黑木耳豆腐腦

豆腐和黑木耳露，顛覆傳統的新甜品，油膩的一餐後來上一杯，清爽解膩又健康。

食材：

黑木耳露1杯（做法見p.044）、無糖豆花2大匙

做法：

在黑木耳露中加入無糖豆花即可完成。

微微蔡貼心小叮嚀

黑木耳富含膳食纖維、維他命，是降血脂的好食材。這杯黑木耳豆腐腦做法簡單，嚐起來滑順清爽，可以吃熱的，也可以吃涼的。

Onion Tea

洋蔥精

洋蔥除了能預防感冒，還能預防心血管疾病，煉好的洋蔥精濃郁順口，簡單原汁富含充足營養。

食材：

洋蔥4顆

使用器具：

- 壓力鍋（若無，亦可使用一般鍋子，但所需時間較長）

做法：

1. 將洋蔥切絲。
2. 將洋蔥絲入壓力鍋精粹20分鐘即完成。

微微蔡貼心小叮嚀

洋蔥將外皮剝除，無須清洗，簡單切後入壓力鍋精煉，抽取洋蔥天然的精華，容易被人體吸收。

Onion and Garlic Tea

洋蔥大蒜精

大蒜能防癌、抗發炎，與洋蔥一起煉成精華，即成一道濃醇湯品，季節交替時喝上一杯，健康又補身。

食材：

洋蔥3顆、大蒜1杯

使用器具：

- 壓力鍋（若無，亦可使用一般鍋子，但所需時間較長）

做法：

1. 洋蔥切絲與大蒜去膜。
2. 放入壓力鍋精粹20分鐘即完成。

Broccoli, Tomato and Perilla Plum Juice

綠花椰番茄梅汁

綠花椰菜能有效調節血壓、促進脂肪代謝，搭上番茄、紫蘇梅汁，除了能補充維他命外，微酸的滋味非常解膩。

食材：

綠花椰80g、番茄120g、紫蘇梅汁30g、水適量

使用器具：

- 不鏽鋼鍋
- 料理棒（若無料理棒，亦可使用果汁機）

做法：

1. 番茄去皮蒸熟；綠花椰燙熟待涼。
2. 將番茄、綠花椰與紫蘇梅汁及水以料理棒打成汁。

微微蔡貼心小叮嚀

1. 酸酸的紫蘇梅汁能中和花椰菜的味道，讓害怕蔬菜汁菜味的人也敢喝。天然的紫蘇梅汁在超商或有機食品行皆可購得，由於市面上的紫蘇梅汁為濃縮原汁，因此食用時需加水稀釋。
2. 綠花椰菜入鍋無須放水，清蒸30秒口感較佳，切碎靜置待涼約30分鐘，可以活化酶，促進蘿蔔硫素，甚至加入芥末籽，有助增加抗癌化合物。

食用花椰菜的注意事項與禁忌

花椰菜不宜與牛奶搭配，因為牛奶含豐富鈣質，與花椰菜會形成化學反應，影響人體對鈣質的吸收。

LOVE
U

Black Sesame Soy Milk

黃豆牛奶堅果飲

黃豆含有豐富的大豆異黃酮，植物雌激素能緩解更年期的不適，和溫潤醇厚的牛奶搭配，灑上堅果與黑芝麻粉，口感豐富更能潤髮補鈣。

食材：

黃豆1/3杯、牛奶2/3杯、堅果1小匙、黑芝麻1小匙

使用器具：

- 壓力鍋（若無，亦可使用一般鍋子，但所需時間較長）
- 料理棒
- 平底鍋

做法：

1. 黃豆燙過後撈起待涼，置冰箱冷凍。
2. 將冷凍的黃豆取出，入壓力鍋煮熟。
3. 將煮熟的黃豆以料理棒打成泥，再加入牛奶攪拌。
4. 將堅果、黑芝麻以平底鍋烤香，再以料理棒搭配研磨盒打成粉加入即可完成。

食用黃豆的注意事項與禁忌

1. 患有急性痛風或尿酸過高者，不宜過量食用黃豆。
2. 生黃豆含有皂甘，是一種毒性物質，不宜生吃。若生吃黃豆可能引起腹痛、腹瀉的狀況。

雙茄汁

由番茄、茄子混搭而出的新組合，顏色繽紛且營養豐富，富含生物類黃酮，能平穩血壓，預防高血壓。

食材：

茄子100g、番茄100g、水600ml、檸檬汁5ml

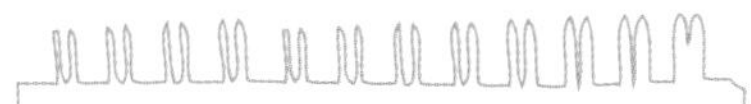

食用茄子的注意事項與禁忌

食用茄子時一定要煮熟，不可生食，因為生茄子含有茄鹼，生吃會中毒。

使用器具：

- 不鏽鋼鍋
- 料理棒（若無，亦可使用果汁機）

做法：

1. 番茄去皮後和茄子入鍋，鍋中加一點水煮至冒煙轉小火再煮約5分鐘後關火待涼。
2. 將做法1加水打成果汁。
3. 最後加入檸檬汁即可完成。

Chapter 2

增強免疫：

蔬果是最天然的保健食品！

Garlic Tea

糖醋蒜汁

有「健康守護者」之稱的糖醋蒜汁，能提升免疫力、預防癌症。醃一罐糖醋蒜汁，每天喝一點，或搭配其他食材一起打成汁，百變又健康。

食材：

大蒜600g、白米醋600ml、冰糖150g（若想要一次做多一點的量，可依此比例增加分量）

使用器具：

- 易拉蒜（為一種剝蒜工具，若無，亦可使用手或刀子）
- 玻璃罐
- 保鮮膜

做法：

1. 大蒜用易拉蒜脱膜去皮後放入玻璃瓶。
2. 白米醋加熱至80度，加入冰糖，放涼後倒入玻璃瓶。
3. 瓶口先封上保鮮膜再蓋上密封蓋，並寫上製作日期，浸泡3個月以上即可開封飲用。

飲用糖醋蒜汁的注意事項與禁忌

1. 浸泡糖醋蒜時材料不可沾到水或油，否則容易變質。
2. 浸泡初期醋會分解萃取大蒜營養，蒜頭變爲淡綠色是正常現象，之後慢慢會恢復正常色澤。
3. 空腹不宜吃大蒜，以免過度刺激腸胃。

Garlic-Cucumber Juice

糖醋蒜黃瓜汁

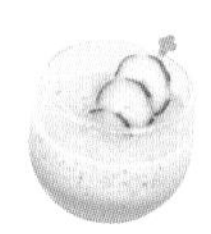

自己醃的糖醋蒜汁搭配新鮮小黃瓜，小黃瓜的甜味中和大蒜的嗆味，現打現喝，輕鬆補充體內所需的營養。

食材：

小黃瓜1/2條、糖醋蒜汁20ml（見p.056）、水100ml

使用器具：

- 料理棒（若無料理棒，亦可使用果汁機）

做法：

1. 將小黃瓜去籽。
2. 將步驟1的小黃瓜、糖醋蒜汁及水一同打成汁即可完成。

Garlic Chives Ginger Tea

韭菜薑汁

韭菜有「洗腸草」的美譽，能健胃、整腸，除了有效預防習慣性便秘和腸癌外，更能預防感冒，消除眼睛及身體疲勞。韭菜強烈的抗菌性，可以抑制殺滅大腸桿菌，營養價值豐富，搭配微嗆辣的薑汁，早晨提振精神就靠這一杯。

食材：

韭菜60g、嫩薑20g、水500ml

使用器具：

- 易拉轉（若無，亦可使用刀子切末）
- 平底鍋
- 料理棒（若無料理棒，亦可使用果汁機）

微微蔡貼心小叮嚀

1. 建議入鍋不用放水，冒煙即熄火，可稍減韭菜微嗆味感。
2. 打汁後無需過濾即可直接飲用，才能保留更多的膳食纖維哦！

做法：

1. 薑以易拉轉切末後入鍋烤香，加水煮出薑氣熄火待涼。
2. 韭菜切段入鍋燜至軟待涼。
3. 將所有食材以料理棒一同打成汁即可完成。

Soy Milk with Oat and Pearl Barley

五行豆漿

由黃豆、綠豆、黑豆、紅豆、燕麥、薏仁組搭配而成的五行豆漿，營養全面，口感更加豐富潤喉，健康又養身。

食材：

黃豆、綠豆、黑豆、紅豆、燕麥、薏仁各1大匙

使用器具：

- 不鏽鋼鍋
- 料理棒（若無料理棒，亦可使用果汁機）

做法：

1. 將所有食材入鍋煮熟後，以料理棒打成漿。
2. 加水（豆類的4倍水量）攪拌，不用過濾即可飲用。

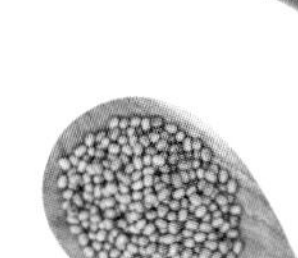

Matcha Soy Latte

抹茶豆漿

一鍋五行豆漿除了單純喝潤口外，抹茶和紅豆的搭配，能降低癌細胞生長，增添風味，同時兼顧味蕾與健康。抹茶中的咖啡因與抹茶鹼具有利尿、加強腎臟功能，還能幫助讓腎臟內毒素排出體外，早晨泡一杯抹茶來喝更能提神醒腦，有效提振整天精神。

食材：

五行豆漿500ml（見p.059）、抹茶粉1小匙

使用器具：

- 料理棒（若無料理棒，亦可使用果汁機）

微微蔡貼心小叮嚀

五行豆漿煮熟後再打成漿，不用過濾，更能吃到食物的全營養，添加抹茶還能增加風味！

做法：

將五行豆漿加入抹茶粉，以料理棒打勻即可完成。

Turmeric Fruit Milkshake

薑黃水果奶昔

薑黃富含的薑黃素能抗發炎和預防癌症，濃濃的水果奶昔佐上少許薑黃粉，甜中略帶微苦，讓這杯奶昔喝了不膩口，一杯接一杯。

食材：

蘋果200g、牛奶200ml、大燕麥2大匙、薑黃粉1小匙

使用器具：

- 不鏽鋼鍋
- 料理棒（若無料理棒，亦可使用果汁機）

做法：

1. 將大燕麥先煮熟瀝乾。
2. 牛奶加薑黃粉用料理棒拌勻後，加入做法1。
3. 蘋果去皮去核後切丁，攪入做法2的薑黃奶昔即可完成。

Carrot, Pineapple and Turmeric Juice

薑黃蔬果飲

酸甜鳳梨中帶有胡蘿蔔獨特香甜味，一小匙的薑黃粉畫龍點睛，增加味蕾層次，忙碌的日常，就靠這一杯提振身心。

食材：

熟紅蘿蔔120g、鳳梨100g、薑黃粉1小匙、蜂蜜1大匙、冰水300ml

使用器具：

- 料理棒（若無料理棒，亦可使用果汁機）

做法：

用料理棒（搭配S刀頭）將食材全部打碎即可完成。

食用薑黃的注意事項與禁忌

辛溫、活血行氣的薑黃，容易導致體內火氣大量堆積無法消散，因此正在發炎者（例如有嘴破、便祕等症狀的人）應謹慎使用。

Pineapple Jam

鳳梨醬

鳳梨含有豐富的類黃酮、檞皮素及硫化物，能提升免疫力、抑制癌細胞，一次燉好一小鍋，可當沾醬，或加在飲料、麵餅中，為日常增添更多可能。

食材：

鳳梨100g、糖100g（鳳梨與糖的比例為1:1）

使用器具：

- 壓力鍋（若無，亦可使用一般鍋子，但所需時間較長）

做法：

鳳梨加糖用壓力鍋煮5分鐘後，開蓋煮至收汁即可完成。

微微蔡貼心小叮嚀

做鳳梨醬建議使用土鳳梨，酸甜適中。當然如果買不到，也可以使用金鑽鳳梨或牛奶鳳梨，這時記得糖要減量唷！

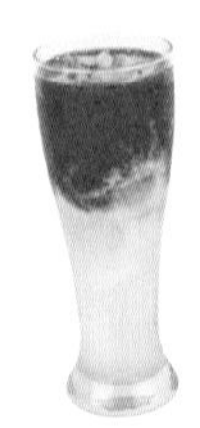

Pineapple, Dragon Fruit and Kiwi Smoothie

鳳梨鮮果bar

鳳梨與火龍果的強烈對比，鮮豔顏色讓人感受到濃濃夏日風情，火龍果中的維生素還能美白皮膚，滋味酸甜好喝又能養顏美容。

食材：

奇異果1個、火龍果1/2個、鳳梨醬2大匙（做法見p.064）、 冰塊6個

使用器具：

- 料理棒（若無料理棒，亦可使用果汁機，但需挑選馬力夠、可打冰塊的，因為一般機種的刀片為利刀，較易磨損）

做法：

1. 將自製鳳梨醬與冰塊先以料理棒打成鳳梨冰沙。
2. 奇異果與火龍果分別與冰塊以料理棒打成果泥。
3. 將奇異果泥、火龍果泥分層疊上做法1的鳳梨冰沙即可完成。

Pineapple Green Juice

鳳梨蔬菜飲

甜椒與芹菜的搭配，讓小小一杯蔬果飲富含維生素C，能抗癌及保護泌尿系統，夏日炎炎的午後，自己在家就能打出營養滿分的健康飲品。

食材：

鳳梨200g、芹菜120g、甜椒50g、冰水適量（依個人喜好濃度添加）、蜂蜜適量（依個人喜好甜度添加）

使用器具：

- 料理棒（若無料理棒，亦可使用果汁機）

做法：

料理棒（搭配S刀頭）打勻所有食材，最後依個人喜好添加蜂蜜即可完成。

微微蔡貼心小叮嚀

芹菜的纖維質較高，用料理棒搭配S刀頭，能瞬間擊碎，方便又省力，而且不用過濾喔！

Carrot Broccoli Juice

青花椰菜汁

以堪稱「綠色奇蹟」的綠花椰菜為主食材，搭配酸甜蘋果、鮮甜胡蘿蔔，能有效抑制癌細胞，每天一杯，養身輕鬆沒煩惱。

食材：

紅蘿蔔80g、青花椰菜60g、蘋果50g、水150ml、蜂蜜適量

使用器具：

- 不鏽鋼鍋
- 料理棒（若無料理棒，亦可使用果汁機）

做法：

1. 以不鏽鋼鍋將紅蘿蔔煮熟；青花椰菜燙熟。
2. 做法1加入蘋果、水和蜂蜜，用料理棒（搭配S刀頭）打成汁即可完成。

微微蔡貼心小叮嚀

怕綠花椰菜生吃口感不佳的人，可清蒸至冒煙，再切碎靜置待涼，與空氣結合可以活化酶，促進蘿蔔硫素，再與水果結合，口感更佳。

Asparagus Juice

蘆筍汁

古早味的清甜蘆筍汁，不用在回憶中尋覓過往，假日午後來上一杯，輕鬆就能消火解暑。此外，蘆筍含有豐富的葉酸，能修復細胞基因，減少大腸癌風險。

食材：

蘆筍1斤、水1000ml

使用器具：

- 不鏽鋼鍋
- 料理棒（若無料理棒，亦可使用果汁機）

做法：

1. 將蘆筍頭（或蘆筍皮）洗淨。
2. 入鍋煮20～30分鐘待涼。
3. 用料理棒（搭配S刀頭）將所有食材打成汁即可完成。

食用蘆筍的注意事項與禁忌

1. 痛風患者須留意蘆筍汁的飲用量，因為蘆筍屬於高嘌呤蔬菜，食用會使體內血尿酸濃度增高，不利於尿酸的排出，容易加重痛風患者的病症。
2. 給孩子飲用時，可適量添加冰糖或蜂蜜。

Cabbage Dragon Fruit Juice

高麗菜雙果汁

紫高麗菜含有豐富的維生素、葉酸及花青素，能抗老、護膚、預防感冒，季節轉換或身體勞累時，來一杯鮮紅蔬果汁，補充精神，增加免疫力。

食材：

蘋果（去皮去核）約100g、火龍果100g、紫高麗菜（紫甘藍）100g、冷開水300ml、蜂蜜適量

使用器具：

- 料理棒（若無料理棒，亦可使用果汁機）

做法：

1. 將紫高麗菜洗淨。
2. 用料理棒（搭配S刀頭）將所有食材打成汁即可完成。

微微蔡貼心小叮嚀

原產於歐洲的紫高麗菜，又稱紫甘藍，挑選時選較沉的，代表水分充足，吃起來口感會更好，含有豐富的膳食纖維會促進腸胃蠕動，但要控制分量，吃多可能導致腹瀉。

Pumpkin Soup with Sweet Potato Leaves

地瓜葉南瓜濃湯

甘甜的南瓜不僅高纖低卡，更是含有豐富維生素的超級食物。與地瓜葉一齊打成濃湯，滋味濃醇不膩口，又兼具營養美味，是夜晚沉澱身心的好選擇。

食材：

南瓜200g、地瓜葉120g、馬鈴薯1/2個、蔬菜高湯200ml

調味料：黑胡椒鹽適量

使用器具：

- 不鏽鋼鍋
- 料理棒（若無料理棒，亦可使用果汁機）

做法：

1. 將帶皮馬鈴薯與去皮南瓜蒸熟（馬鈴薯蒸熟後再將皮撕去）。
2. 將地瓜葉燙熟。
3. 將做法1和2以料理棒打成泥，再加入蔬菜高湯與黑胡椒鹽即可完成。

Sweet Potato Leaves, Soybean and Brown Rice Milk

地瓜葉黃豆糙米漿

糙米的膳食纖維高，可以預防便秘，內含的維生素還能減緩疲勞、防止細肥老化，一杯輕鬆排毒，鹹甜皆可，加糖就是甜品，加皮蛋和鹽就成鹹粥。

食材：

黃豆2大匙、糙米2大匙、地瓜葉150g、水150ml

使用器具：

- 不鏽鋼鍋
- 料理棒（若無料理棒，亦可使用果汁機）

做法：

1. 將黃豆、糙米煮熟以料理棒打成泥。
2. 將地瓜葉燙熟。
3. 將熟地瓜葉、做法1的黃豆糙米泥加水，以料理棒打成漿即可完成。

PEOPLE, EVEN MORE THAN THINGS,
HAVE TO BE RESTORED,
RENEWED, REVIVED, RECLAIMED,
AND REDEEMED;
NEVER THROW OUT ANYONE.
Be quick,
but don't hurry.
JUST GO!

Jaboticaba Vegetable Juice

樹葡萄蔬果飲

酸中帶甜的樹葡萄，富含花青素，護眼又能使肌膚緊緻，和鳳梨、番茄等蔬果打成一杯，就是營養滿分的早晨鮮飲。

食材：

樹葡萄（帶皮帶籽）10顆、去皮紅蘿蔔50g、鳳梨50g、番茄60g、冰水250ml

使用器具：

- 不鏽鋼鍋
- 料理棒（若無料理棒，亦可使用果汁機）

做法：

1. 將去皮紅蘿蔔與番茄入鍋煮熟待涼後，將番茄去皮。
2. 將做法1的食材與樹葡萄、冰水以料理棒打成汁即可完成。

微微蔡貼心小叮嚀

樹葡萄又名嘉寶果，最早產自巴西，富含人體所需的各種維生素，如類黃酮、花青素、單寧等，具健康益處，能抗老防癌。本書的樹葡萄飲品皆強調「帶皮帶籽」食用，因為樹葡萄皮及籽皆含有以下營養素：

★籽：含前花青素（原花青素），可以抗老、降血壓、預防皮膚癌。

★皮：含花青素，可以抗老、保護心血管；單寧可抗老、抗過敏、預防心血管疾病。

Jaboticaba and Apple Puree

樹葡萄蘋果泥

偏甜的蘋果和微酸樹葡萄混搭，不僅降低酸度，蘋果中的槲皮素甚至可以預防貧血和阿茲海默症，下午茶就用這一杯取代，健康輕鬆喝。

食材：

樹葡萄帶皮帶籽10顆、蘋果1/2顆、冰水300ml、蜂蜜適量（依個人喜好甜度添加）

使用器具：

- 料理棒（若無料理棒，亦可使用果汁機）

做法：

將所有食材以料理棒打成果泥即可完成。

微微蔡貼心小叮嚀

選用有機樹葡萄，建議稍微清洗後，連皮帶籽一起擊碎，才能保留更多的花青素及豐富的酚類化合物，能預防心血管疾病、改善體力、抗老化、預防癌症。

Jaboticaba Yogurt Smoothie

樹葡萄優格冰沙

悠閒的午後，做碗木盒沙拉，一杯解膩的優格冰沙相伴，樹葡萄的微酸被滑順優格中和，巧妙搭配，就是美好的午茶時光。

食材：

樹葡萄帶皮帶籽10個、優格冰磚12個（將優格放入製冰盒冷凍成冰磚）、蜂蜜適量（依個人喜好甜度添加）

使用器具：

- 料理棒（若無料理棒，亦可使用果汁機，但需挑選馬力夠、可打冰塊的，因為一般機種的刀片為利刀，較易磨損）

做法：

將所有材料以料理棒打成冰沙即可完成。

Strawberry Banana Milkshake

草莓香蕉奶昔

香蕉的天然甜味、牛奶的濃郁奶香，和微酸草莓有著絕佳搭配，大人小孩都愛的少女系甜品，不用加糖就有好滋味。

食材：

草莓120g、香蕉1/2根、牛奶適量、薄荷葉2片

使用器具：

- 料理棒（若無料理棒，亦可使用果汁機）

做法：

1. 將草莓、香蕉、牛奶以料理棒打成奶昔。
2. 最後依喜好裝飾薄荷葉即可完成。

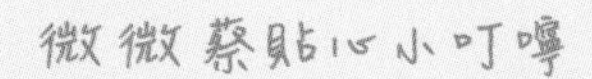

微微蔡貼心小叮嚀

草莓能促進腸胃道蠕動，讓排便順暢，更含有豐富的維生素C，可以有效促進鐵質的吸收，預防貧血。建議食用前再以流動的水沖洗數分鐘，不要事先沖洗，以防腐壞。

LOVE

Strawberry Yogurt Smoothie

草莓
優格冰沙

忙碌的早晨用這杯開啟一天的好心情，只要將材料全數打成冰沙，輕鬆品嚐低脂、清爽又健康的好味道。優格除了能增加體內好菌外，搭配草莓酸酸甜甜的好滋味令人難忘。

食材：

草莓150g、優格冰磚6個（將優格放入製冰盒冷凍成冰磚）、蜂蜜適量（依個人喜好甜度添加）

使用器具：

- 料理棒（若無料理棒，亦可使用果汁機，但需挑選馬力夠、可打冰塊的，因為一般機種的刀片為利刀，較易磨損）

做法：

1. 將草莓與優格冰磚以料理棒（搭配S刀頭）打成冰沙。
2. 於冰沙上擺放切片草莓裝飾。
3. 最後淋上蜂蜜即完成。

Homemade Mulberry Jam

自製桑葚醬

盛產桑葚的季節，不妨在家自製果醬，小小一罐，多種用途，麵包抹醬、午茶飲品，酸甜解暑。

食材：

桑葚600g、冰糖400g

使用器具：

- 料理棒（若無料理棒，亦可使用果汁機）
- 壓力鍋（若無，亦可使用一般鍋子，但所需時間較長）

做法：

將桑葚洗淨後與冰糖入壓力鍋煮5分鐘後開蓋，用料理棒打成泥，煮至鍋中水量收汁熬成醬即可完成。

微微蔡貼心小叮嚀

桑葚富含鐵和維生素C，是一大補血聖品，對失眠的人也有幫助。其中的脂肪酸還具有分解脂肪、降低血脂的功能，是一種養生保健效果良好的水果。

Happy

Banana Greek Yogurt Smoothie with Mulberry Jam

香蕉優格冰沙佐桑葚醬

香甜香蕉搭配濃醇希臘優格，桑葚醬的天然酸度讓口感更加豐富，夏日炎炎就是該來上一杯微酸微甜的清爽冰沙。

食材：

香蕉1/2條、希臘優格冰磚（將希臘優格放入製冰盒冷凍成冰磚）、自製桑葚醬（做法見p.081）

使用器具：

- 料理棒（若無料理棒，亦可使用果汁機，但需挑選馬力夠、可打冰塊的，因為一般機種的刀片為利刃，較易磨損）

做法：

1. 將香蕉1/2條與希臘優格冰磚以料理棒（搭配S刀頭）打成冰沙。
2. 最後淋入自製桑葚醬即可完成。

微微蔡貼心小叮嚀

在這道「香蕉優格冰沙佐桑葚醬」中，我們使用「希臘優格」，希臘優格和一般優格有什麼不同呢？希臘優格因為多一道「過濾」的步驟，把水分和乳清等液體充分排出，形成更濃稠、偏固體狀態的優格（大約4L的牛奶才製造出1L的希臘優格）。希臘優格的蛋白質與鈣質大約是一般優格的2倍左右，而乳糖及脂肪含量卻較低，且含鈉量更少，有助於緩解水腫；加上因為口感濃密，吃起來更有飽足感，種種益處使得希臘優格也成為減重者熱愛的食物。

Mixed Berry Smoothie

綜合莓果冰沙

炎熱沒食慾的午後，不妨來上一杯酸甜不膩口的莓果冰沙。混搭多種莓果，自由組合，就是一杯滋味無窮而美好的夏日情懷。

食材：

冷凍莓果（藍莓、草莓、覆盆子）3種各100g、冰塊適量、蜂蜜適量（依個人喜好甜度添加）

使用器具：

- 料理棒（若無料理棒，亦可使用果汁機，但需挑選馬力夠、可打冰塊的，因為一般機種的刀片為利刀，較易磨損）

做法：

將所有食材以料理棒（搭配S刀頭）打成冰沙即完成。

微微蔡貼心小叮嚀

藍莓被稱為「天然發電機」，富含錳，可以增加體力，纖維質高也能幫助消化。而蔓越莓不僅熱量低，更含有抗氧物質，對癌症預防、提高免疫力、降血壓都有幫助，吃了「莓」煩惱。

Chapter 3

排毒順暢：

擺脫排便卡卡、小腹凸凸！

Black Sesame Soup

黑芝麻活力杯飲

忙碌生活就靠一杯活力飲，補充體內營養所需。豐富的膳食纖維能幫助腸道蠕動，促進排便通暢。且黑芝麻鈣質含量相當豐富，是所有族群補鈣的聖品，特別是懷孕及更年期後的婦女。

食材：

五穀雜糧1杯（含糙米、大麥、玉米、燕麥、小麥、蕎麥、裸麥、薏仁、藜麥、亞麻仁）、黑芝麻適量

使用器具：

- 壓力鍋（若無，亦可使用一般鍋子，但所需時間較長）
- 料理棒（若無，亦可使用果汁機將粥打成泥狀，但一般果汁機無法將黑芝麻磨成細粉，若使用料理棒打食材，分量可依需求決定，較為方便）

做法：

1. 五穀雜糧入壓力鍋加5倍水煮5分鐘成五穀雜糧粥。
2. 將五穀雜糧粥以料理棒打成無顆粒泥狀。
3. 黑芝麻用料理棒（搭配研磨盒）磨成黑芝麻粉。
4. 將黑芝麻粉加入做法2即可完成。

Jujube, Wolfberry and Lily Bulb Drink

紅棗枸杞百合活力杯飲

紅棗和枸杞的獨特香氣，搭上百合淡淡清香，一杯男女老幼皆適宜的營養佳品讓您輕鬆顧健康。

食材：

五穀雜糧1杯（含糙米、大麥、玉米、燕麥、小麥、蕎麥、裸麥、薏仁、藜麥、亞麻仁）、紅棗去籽10顆、枸杞1大匙、新鮮百合1朵

使用器具：

- 壓力鍋（若無，亦可使用一般鍋子，但所需時間較長）
- 不鏽鋼鍋
- 料理棒（若無，亦可使用果汁機）

做法：

1. 五穀雜糧入壓力鍋加5倍水煮5分鐘成五穀雜糧粥。
2. 小不鏽鋼鍋先入200ml的水與10顆紅棗煮出味道，再泡入枸杞，最後加百合入鍋燜1分鐘。
3. 將做法2加入做法1的五穀雜糧粥當中，用料理棒打成無顆粒泥即完成。

Black Soybean Tea

黑豆水

黑豆號稱「豆類黑金」，豐富的花青素，能增加皮膚膠原蛋白，保持肌膚彈性水嫩，出門在外，用自製黑豆水取代市售飲品，養顏又養身。

食材：

黑豆100g、水2L

使用器具：

- 不鏽鋼鍋

做法：

1. 黑豆洗淨瀝乾。
2. 待不鏽鋼鍋鍋熱後，將黑豆入鍋乾烤烤香。
3. 接著加熱水2L煮至沸騰，再移到外鍋燜15分鐘即可完成。

微微蔡貼心小叮嚀

黑豆的種皮很薄，清洗時不可泡水，以免容易脫皮。

楊平的料理菜鳥小心聲

只要能讓我養顏美容的料理，我都很有興趣，而且照著微微蔡老師的做法，菜鳥也能上手。我習慣一次煮一大鍋，出門時放在保溫杯，隨時想到隨時喝，讓我輕鬆保有好氣色！

DON'T THINK
FEEL!
JUST GO!
What?
WHAT IT IS.
GIRLS.
BELIEVE

Pearl Barley, Lotus Seed and Black Bean Sweet Soup

黑豆薏仁蓮子

蓮子和薏仁的雙重組合，睡前一杯，溫熱入口，不僅能滋補身心、改善失眠，還能提高代謝、淡化斑點。

食材：

黑豆100g、薏仁20g、乾蓮子20g、水3倍（指黑豆、薏仁與乾蓮子的3倍）、冰糖適量

使用器具：

- 壓力鍋（若無，亦可使用一般鍋子，但所需時間較長）

做法：

1. 黑豆、薏仁、乾蓮子加水用壓力鍋煮30分鐘。
2. 最後依個人喜好添加冰糖即可完成。

Homemade Almond Milk

手工原味杏仁奶

美國大杏仁不僅能降低膽固醇，膳食纖維更是所有果仁中最高的，小小一杯，排便沒煩惱。

食材：

美國大杏仁200g、水600ml、椰棗6顆

使用器具：

- 料理棒（若無，亦可使用果汁機）
- 紗布

做法：

1. 杏仁先泡冷水6～8小時後脫膜。
2. 脫模後的杏仁加水用料理棒研磨打成漿，並加入椰棗代替糖增加天然糖分。
3. 以紗布過濾後即完成。

Avocado Almond Smoothie

酪梨杏仁奶

天然清香的杏仁奶，簡單加入半顆酪梨，就是一杯輕食帶著走。酪梨的優質脂肪能保健腦、神經和眼睛，是忙碌上班族的健康守門員。

食材：

酪梨1/2顆、手工原味杏仁奶200ml（做法見p.093）

使用器具：

- 料理棒（若無，亦可使用果汁機）

做法：

1. 將酪梨打成泥。
2. 將酪梨泥加入手工原味杏仁奶以料理棒打勻即完成。

微微蔡貼心小叮嚀

這杯「酪梨杏仁奶」香醇好喝又帶有微微的自然甜味，不喜歡酪梨味道的人，亦可改用奇異果取代酪梨喔！

Yogurt Cream Mushroom Soup

蘑菇卡布奇諾優格濃湯

有「蔬菜牛排」之稱的蘑菇，不僅熱量低、易有飽足感，豐富的多醣體還能提高身體免疫力。輕柔奶泡如絲綢，點綴了視覺和味蕾，讓人彷彿置身於悠閒的午後咖啡廳。

食材：

橄欖油2大匙、蒜頭10瓣、洋蔥1顆、蘑菇10顆、馬鈴薯1/2顆、高湯1L、起士20g（起司塊或起司粉皆可）、牛奶50ml、優格1/2杯、黑胡椒鹽1小匙、荳蔻粉少許

使用器具：

- 易拉轉（若無，亦可使用刀子）
- 料理棒（若無，亦可使用果汁機）

做法：

1. 蒜頭及洋蔥以易拉轉切碎後入鍋，用橄欖油炒香；蘑菇切片入鍋乾烤烤香；馬鈴薯切塊入鍋加高湯0.5L煮軟。
2. 將做法1的所有食材用料理棒打成泥，再加入高湯0.5L續煮至沸。
3. 放入起士後入杯盛裝。
4. 牛奶加優格用調理棒打成奶泡後淋入杯中，最後再灑上荳蔻粉即可完成。

Chinese Yam and Wolfberry Pumpkin Soup

南瓜山藥枸杞飲

鮮甜南瓜高纖低卡，豐富的維生素能降低糖尿病、預防白內障，搭上清淡微甜的山藥，雙重搭配是控制、改善糖尿病的食療佳品。

食材：

金針菇100g、南瓜120g、山藥80g、枸杞10顆、薑片1片、黑胡椒鹽或黑糖適量（可依個人口味擇一添加）

使用器具：

- 易拉轉（若無，亦可使用刀子）
- 不鏽鋼鍋
- 料理棒（若無，亦可使用果汁機）

做法：

1. 用易拉轉將薑切碎成薑末；金針菇切成小段。
2. 熱鍋烤香薑末後，加入金針菇煮出多醣體。
3. 放入南瓜及山藥加水煮軟後，用料理棒打成泥。
4. 最後加入枸杞泡開，並以黑胡椒鹽或黑糖調味即可完成。

Sweet Potato Leaves and Apple Milkshake

地瓜葉蘋果牛奶

地瓜葉不僅熱量低、易有飽足感，還能抗癌防老。搭配酸甜不膩的蘋果牛奶，中和青澀蔬果汁，健康也能滑順又美味。

食材：

地瓜葉30g、西洋芹30g、蘋果50g、牛奶1杯、冰塊6個

使用器具：

- 不鏽鋼鍋
- 料理棒（若無料理棒，亦可使用果汁機，但需挑選馬力夠、可打冰塊的，因為一般機種的刀片為利刀，較易磨損）

做法：

1. 地瓜葉入鍋無水燙熟待冷。（使用不鏽鋼鍋不需加水，因為清洗蔬菜的水分即可燙熟。若用一般鍋子則加水燙熟，但較容易流失蔬菜本身的葉綠素及營養價值。）
2. 將做法1加入西洋芹、蘋果、冰塊、牛奶，以料理棒（搭配S刀頭）打碎即可完成。

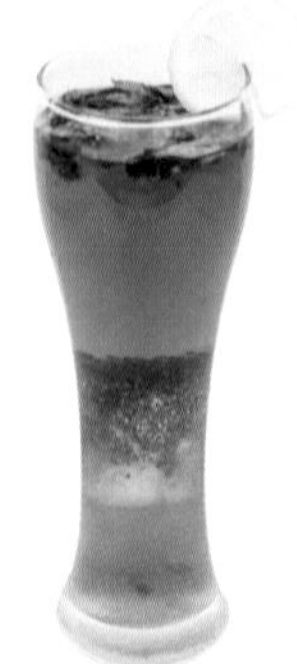

Chia Seed Energy Drink

夢幻奇亞籽能量飲

漸層配色、美如宇宙的夢幻飲品，光用看的就足以令人讚嘆，再搭配富含果膠的奇亞籽，還能吸附腸道多餘水分，幫助排便。

食材：

奇亞籽10g、蝶豆花3朵、檸檬片2片、蜂蜜少許（依個人喜好添加）、冰塊適量

使用器具：

- 料理棒（若無料理棒，亦可使用果汁機）

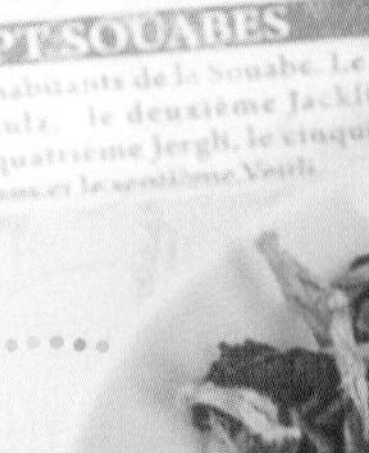

做法：

1. 奇亞籽倒入開水用料理棒拌勻，讓它吸收水分形成天然膠質。
2. 蝶豆花泡水後，加入蜂蜜，即為蜂蜜蝶豆花飲。
3. 再加入冰塊及步驟1的奇亞籽。
4. 上面擺入檸檬片裝飾即完成。

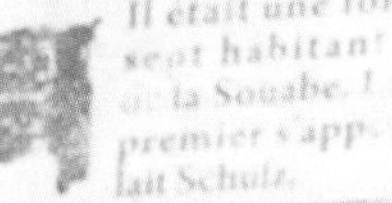

微微蔡貼心小叮嚀

看到這杯能量飲千萬別以為加了色素，膳食纖維豐富的奇亞籽與富含花青素的蝶豆花結合，不僅營養價值高，視覺上的夢幻色澤也非常賞心悅目，是近年流行的天然變色飲品喔！這兩項食材不難取得，各位可至以下地點購買：

❶ 奇亞籽：舉凡一般大賣場、部分超市，或藥妝店皆有販售。

❷ 蝶豆花：新鮮蝶豆花可在有機蔬果行購得；乾燥蝶豆花則可在烘焙坊購得。

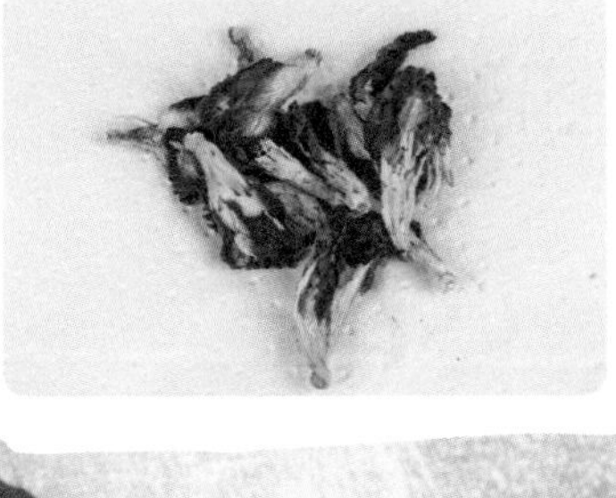

Chia Mango Yogurt

黃色奇蹟 芒果奇亞籽凍飲

香甜芒果搭配濃濃蜂蜜、微酸優格與富含膳食纖維的奇亞籽，黃白相間的多重享受，清爽不甜膩，還能幫助排便消小腹！

食材：

蜂蜜水1杯（一大匙蜂蜜加冷水，水量依個人喜好濃度調整）、奇亞籽15g、芒果200g、薄荷葉3片、優格冰磚6個（將優格放入製冰盒冷凍成冰磚）

使用器具：

- 料理棒（若無料理棒，亦可使用果汁機）

做法：

1. 於蜂蜜水中放入奇亞籽，泡至果膠成凍狀後冷藏。
2. 芒果以料理棒打成果泥。
3. 依序盛入優格冰磚、芒果泥、步驟1的蜂蜜奇亞籽凍、芒果泥。
4. 最後以薄荷葉裝飾即完成。

Chia Seed Mixed Fruit Juice

彩虹奇亞籽

顏色吸睛艷麗的彩虹奇亞籽不僅滿足視覺，味覺上多層次的滋味也令人超滿足。酸酸甜甜的水果滋味，搭配帶有不同口感的奇亞籽，讓你一喝就愛上！

食材：

蜂蜜蝶豆花飲200ml（做法見p.100夢幻奇亞籽能量飲做法2的「蜂蜜蝶豆花飲」）、奇亞籽10g、火龍果50g、芒果50g、奇異果1/2顆

使用器具：

- 料理棒（若無料理棒，亦可使用果汁機）

做法：

1. 蜂蜜蝶豆花飲泡入奇亞籽約15分鐘。
2. 火龍果、芒果、奇異果打成果泥後，加入步驟1以料理棒打勻即可完成。

Mixed Berry Yogurt
莓果優格

香醇濃郁的希臘優格，佐上綜合莓果打勻，轉眼間就完成一杯色香味俱全的夏日甜品。

食材：

綜合莓果（藍莓、覆盆子）1/2杯、希臘優酪（可選有蜂蜜口味的）1杯

使用器具：

- 料理棒（若無料理棒，亦可使用果汁機，但需挑選馬力夠、可打冰塊的，因為一般機種的刀片為利刀，較易磨損）

做法：

1. 先將希臘優酪做成冰磚。
2. 將綜合莓果和優酪冰磚一起以料理棒（搭配S刀頭）打勻即完成。

鳳梨蔬菜醋飲

甜而不膩的鳳梨醬，搭上紫高麗菜果醋，酸酸甜甜，簡單搭配就是一杯消暑涼飲，夏季解暑也要營養滿分。

食材：

鳳梨醬（做法見p.065）、紫高麗菜50g、水果醋（淹過紫高麗菜的分量）

使用器具：

- 刨絲器
- 保鮮盒或密封罐
- 料理棒（若無料理棒，亦可使用果汁機）

做法：

1. 紫高麗菜刨絲醃入水果醋密封，放冰箱冷藏3天。
2. 將鳳梨醬與醃好的紫高麗菜一起用料理棒（搭配S刀頭）打成汁即完成。

Chapter 4

紓壓放鬆：

甩掉壓力，找回愉悅好心情！

Amaranth Leaves Juice

紅莧菜加C

紅色的色澤在光下如紅寶石般誘人，天然色素的紅莧菜汁搭配新鮮柳橙，可以補充維生素C，喝了不但可紓緩情緒，還能補充元氣！

食材：

紅莧菜100g、柳丁1顆、水200ml

使用器具：

- 柳丁榨汁器
- 不鏽鋼鍋

做法：

1. 將柳丁榨汁。
2. 紅莧菜入鍋並加入水煮至冒煙後1分鐘關火。
3. 取紅莧菜汁，加入柳丁汁混合均勻即可完成。

Chocolate Milk Smoothie

牛奶巧克力冰沙

擄獲大人小孩的巧克力冰沙，搭上號稱「超級水果」的香蕉，維生素C有助於生成膠原蛋白，讓你皮膚水潤有彈性。

食材：

香蕉1/2條、牛奶120ml、
70～80%黑巧克力80g、冰塊兩大匙

使用器具：

- 料理棒（若無料理棒，亦可使用果汁機，但需挑選馬力夠、可打冰塊的，因為一般機種的刀片為利刀，較易磨損）

做法：

將所有食材放入杯中，用料理棒（搭配S刀頭）打成冰沙即可完成。

非使用調理棒的做法

1. 若非使用調理棒，則得先用鍋子將黑巧克力加熱融化。
2. 將融化的黑巧克力加入牛奶打勻待涼。
3. 將香蕉、冰塊與做法2的黑巧克力牛奶以果汁機打成冰沙即可完成。

lf./Know Yourself, First./Take Action
What?
You've had nothing
I could eat a horse now.
DON'T THINK
FEEL!
JUST GO!
Be quick, but don't hurry.
7TH HEAVEN

Apple-Guava Juice

Apple 芭樂冰沙

蘋果與芭樂的搭配，不僅刺激味蕾，還能解清熱，增加抗壓力。奇異果中的色胺酸，使抗壓力效果更加乘，一杯清涼冰沙讓你沁涼入口，輕鬆抗壓。

食材：

芭樂100g（去籽）、蘋果100g（去皮去籽）、奇異果1顆、冰塊3個、水300ml

使用器具：

- 料理棒（若無料理棒，亦可使用果汁機，但需挑選馬力夠、可打冰塊的，因為一般機種的刀片為利刀，較易磨損）

做法：

將水果以料理棒先打成泥，再加入冰塊及水以料理棒（搭配S刀頭）打勻即可完成。

食用芭樂的注意事項與禁忌

芭樂籽較不好消化，建議腸胃功能不佳者應去籽食用。

木瓜牛奶

夏天木瓜大又甜，搭上濃醇牛奶，簡單打勻就是一杯營養好喝的消暑飲品。木瓜中的酵素，能幫助人體消化和吸收蛋白質，營養口感兼顧。

食材：

木瓜250g（去皮去籽）、冰牛奶250ml

使用器具：

- 料理棒（若無料理棒，亦可使用果汁機）

做法：

將木瓜與冰牛奶一起入杯，以料理棒打成木瓜牛奶即可完成。

梅番茄蜜胡蘿蔔汁

番茄和胡蘿蔔搭配，能加速維生素C的吸收，幫助皮膚膠原蛋白合成、抑制黑色素，早餐配上一杯，保養由早晨開始。

食材：

糖1小匙、胡蘿蔔1/2條、冰水200ml、番茄1顆、梅粉1大匙

使用器具：

- 壓力鍋（若無，亦可使用一般鍋子，但所需時間較長）
- 去皮刀
- 料理棒（若無料理棒，亦可使用果汁機）

做法：

1. 胡蘿蔔入壓力鍋加少許水煮熟，待壓力鍋的鍋蓋上升兩條線熄火醃入糖，即為蜜胡蘿蔔。
2. 番茄用削皮刀去皮，醃入梅粉。
3. 將做法1與2以料理棒打勻即可完成。

楊平的料理菜鳥小心聲

我以前從不愛吃胡蘿蔔，自從微微蔡老師教我搭配個人最愛的番茄打成果汁後，才發現甜甜的紅蘿蔔和酸酸的番茄實在太搭了！而且只要用料理棒打一下就可以喝，輕鬆又方便。現在早上出門前，我都靠這杯讓自己元氣滿滿！

Kiwi Green Juice

奇異多蔬果

奇異果搭上西洋芹，除了能去火潤燥，改善情緒不穩外，和鳳梨一起食用還能幫助消化。加上乳酸多多增添風味，酸甜滑順好入口。

食材：

西洋芹50g、鳳梨醬30g（做法見p.065）、檸檬1/2顆、奇異果1顆、養樂多冰磚6個（將養樂多放入製冰盒冷凍成冰磚）

使用器具：

- 料理棒（若無料理棒，亦可使用果汁機，但需挑選馬力夠、可打冰塊的，因為一般機種的刀片為利刀，較易磨損）

做法：

1. 將檸檬擠汁。
2. 所有材料入杯，以料理棒打成果泥即可完成。

Onion Apple Tea

洋蔥蘋果精

洋蔥富含的硒元素能抑制癌細胞，和酸甜蘋果煉成滴滴精華，讓你一杯輕鬆攝取所有養分。

食材：

洋蔥2顆、蘋果1顆

使用器具：

- 壓力鍋（若無，亦可使用一般鍋子，但所需時間較長）

做法：

1. 洋蔥切絲。
2. 蘋果去皮去籽切片。
3. 將洋蔥絲與蘋果片用壓力鍋滴出洋蔥蘋果精，即可完成（壓力鍋上層的「洋蔥蘋果泥」可用於p.120的南瓜栗子濃湯中）。

微微蔡貼心小叮嚀

這杯精力飲品做法簡單，用壓力鍋精煉需20分鐘，用一般鍋子則約需2小時左右。

Pumpkin Chestnut Soup

南瓜栗子濃湯

南瓜內含的維生素B群能補充體力、集中精神，搭配栗子一起食用，還能改善腎虛引起的疲勞。一杯讓你迅速補充精力，找回專注力。

食材：

蒜頭6顆、南瓜300g、栗子10顆、洋蔥蘋果泥（見p.119做法3）、水200ml

調味料：黑胡椒鹽適量

使用器具：

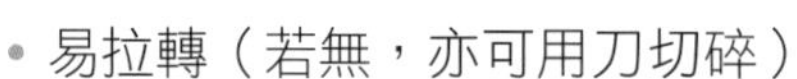

- 易拉轉（若無，亦可用刀切碎）
- 不鏽鋼鍋
- 料理棒（若無料理棒，亦可使用果汁機）

做法：

1. 將南瓜切塊。
2. 蒜頭以易拉轉切碎，入熱鍋炒香後加入栗子、南瓜塊和水200ml煮熟。
3. 將做法2與洋蔥蘋果泥以料理棒一起打碎。
4. 最後以黑胡椒鹽調味即可完成。

Beef and Spinach Soup

菠菜洋蔥牛肉精

牛肉能補脾胃、益氣血，搭上健康蔬菜一起燉煮，滿滿的精華匯集於一杯，為忙碌的日子注入衝勁。

食材：

洋蔥4顆、牛肉1斤、菠菜200g

使用器具：

- 壓力鍋（若無，亦可使用一般鍋子，但所需時間較長）
- 不鏽鋼鍋
- 料理棒（若無料理棒，亦可使用果汁機）

做法：

1. 牛肉切塊及洋蔥切絲，入壓力鍋煉成洋蔥牛肉精後取出（壓力鍋精煉需40～50分鐘，一般鍋子則約需2小時）。
2. 菠菜以不鏽鋼鍋燙熟後，以料理棒打成泥汁。
3. 最後再加入洋蔥牛肉精即完成。

揚平的料理菜鳥小心聲

由於主持工作的關係，我錄製電視節目時，常常需要一整天講話，精神、壓力容易透支，而且最怕遇到感冒、咳嗽、無聲。自從微微蔡老師教我煉牛肉精、洋蔥精後，我就常常自己用壓力鍋精練，每天喝一點，讓自己的精神和聲音都保持最佳狀態。

Banana Brown Rice Milk

香蕉豆米漿

香蕉富含色胺酸，能協助合成褪黑激素，安定神經、幫助入眠，和無糖豆米漿搭配，豐富的維生素B群也能舒緩緊張情緒，沉澱緊張身心就靠這一杯。

食材：

黃豆糙米粥1/3杯（做法如右頁特別收錄）、香蕉1/2條、冰水1杯

使用器具：

- 料理棒（若無料理棒，亦可使用果汁機）

做法：

1. 黃豆糙米粥以料理棒先打成泥，再加入香蕉一起打勻。
2. 將做法1與冰水、糖一起打勻即完成。

特別收錄

黃豆糙米粥

食材：

黃豆1杯、糙米1/2杯、水3杯、黑芝麻3大匙、冰糖3大匙

使用物品：

- 壓力鍋

事前準備：

將黃豆洗淨入沸水中汆燙10秒，撈起放入冷凍庫冰一晚；糙米洗淨濾乾，也放入冷凍庫冰一晚。（可讓豆類產生肉眼看不見的龜裂，煮時更容易吸收水分、更飽滿、更好吃、時間更短）

做法：

1. 將冷凍過的黃豆與糙米放入壓力鍋，加水淹過食材，蓋上鍋蓋煮至上壓後（鍋蓋上升兩條線），轉小火續煮5分鐘。
2. 壓力鍋自然洩壓後，黃豆糙米粥完成。

Edamame Soup

毛豆濃湯

取代高熱量的奶油與麵粉，天然馬鈴薯打成泥後，不僅有濃稠濃湯口感，還能幫助舒緩壓力，熱量低又有飽足感。

食材：

洋蔥1/2顆、馬鈴薯1/2顆、紅蘿蔔1/4條、毛豆1/2杯、紅藜麥1/3杯、橄欖油2大匙、蔬菜高湯1杯

調味料: 黑胡椒鹽1小匙

使用器具：

- 易拉轉（若無，亦可用刀切碎）
- 平底鍋
- 壓力鍋（若無，亦可使用一般鍋子，但所需時間較長）
- 料理棒（若無料理棒，亦可使用果汁機）

做法：

1. 洋蔥以易拉轉切碎後入平底鍋炒香，再放入橄欖油。
2. 將其餘材料以易拉轉切碎入壓力鍋，再加入蔬菜高湯上壓煮1分鐘。
3. 將做法1與2一起用料理棒打碎後，以黑胡椒鹽調味即完成。

Taro Soy Latte

芋見豆漿

芋頭富含提神又助眠的維生素B群，搭配豆漿混勻一起飲用，更能加速吸收，甜甜的芋頭豆漿讓你提振精神也有好心情。

食材：

芋頭1/2顆、豆漿250ml

使用器具：

- 不鏽鋼鍋
- 料理棒（若無料理棒，亦可使用果汁機）

做法：

1. 芋頭入不鏽鋼鍋加水約1/3高，煮至冒煙後關小火再煮5分鐘。
2. 將做法1的芋頭以料理棒壓碎後，加入豆漿打勻即可完成。

微微蔡貼心小叮嚀

將芋頭切滾刀，用好的不銹鋼鍋來煮（入鍋水不用放太多），5分鐘就能輕鬆煮出鬆軟芋頭。

Red Bean, Chickpeas, Barley Drink

紅豆薏仁米漿

紅豆能幫助消腫、促進血液循環，搭配含有鋅的薏仁，還能減輕疲勞，避免精神渙散。飽足感滿分的米漿取代正餐，小小一杯帶著走，營養又健康。

食材：

A. 紅豆1/3杯、薏仁1/3杯、水3杯
B. 鷹嘴豆1/3杯、白米1/4杯、水1杯

使用器具：

- 壓力鍋（若無，亦可使用一般鍋子，但所需時間較長）
- 料理棒（若無料理棒，亦可使用果汁機）

做法：

1. 將食材A放壓力鍋下層、食材B放壓力鍋上層煮20分鐘。
2. 將煮好的所有食材用料理棒打成漿即完成。

Jujube Walnut Rice Paste

紅棗核桃米糊

營養豐富的紅棗核桃米糊味道香濃可口，忙碌時加熱一下便可以取代正餐，非常方便！

食材：

紅棗（去籽）10顆、核桃1杯、米1/2杯、糖適量（可依個人喜好添加）

使用器具：

- 不鏽鋼鍋
- 料理棒
- 平底鍋

做法：

1. 紅棗、米入鍋煮熟加糖，再以料理棒打成米糊。
2. 核桃以平底鍋乾烘炒香後，以料理棒（搭配研磨盒）磨碎。
3. 將磨碎的核桃加入步驟1的米糊即可完成。

食用堅果的注意事項與禁忌

堅果熱量較高，建議一天攝取量不要超過一小匙，否則易有肥胖危機。

Red Bean Milk with Longan and Jujube

桂圓紅棗紅豆漿

紅棗的維生素C高居水果之冠，除了能養顏防老，還能保護肝臟，增強免疫力。天冷時來上一杯，暖身暖心，祛寒補身。

食材：

紅豆1/2杯、圓糯米1/4杯、米1/4杯、紅棗5顆（去籽）、桂圓20g

使用器具：

- 壓力鍋（若無，亦可使用一般鍋子，但所需時間較長）
- 料理棒（若無料理棒，亦可使用果汁機）

做法：

1. 紅豆加水（水要醃過紅豆2cm高）入壓力鍋煮20分鐘。
2. 圓糯米、米、紅棗、桂圓加3杯水入壓力鍋煮1分鐘。
3. 將做法1與2取出要吃的量，以料理棒打勻成漿即可完成。

Chapter5

強健腦力：

輕鬆健腦，提升記憶力與專注力！

Soybean and Brown Rice Milk

黃豆糙米漿

打成漿後無需過濾，完整保留黃豆營養，冷熱皆宜，是早晨的活力來源。點綴一匙黑芝麻，黃豆與黑芝麻加成作用，護腦又健腦。

食材：

黃豆1/2杯、糙米1/4杯、糯米1大匙黑芝麻1大匙

使用器具：

- 料理棒
- 平底鍋

做法：

1. 事先將黃豆汆燙後冷凍，待製作時取出，與糙米、糯米加水2倍一起煮20分鐘。
2. 待涼後取1/2杯以料理棒打成泥。
3. 黑芝麻入平底鍋乾烤烤香後，以料理棒（搭配研磨盒）打成黑芝麻粉。
4. 將黑芝麻粉加入做法2即可完成。

食用黃豆的注意事項與禁忌

黃豆不能生吃，如果直接生食，可能會有噁心、反胃、消化不良等症狀，切記要煮熟後才能食用。

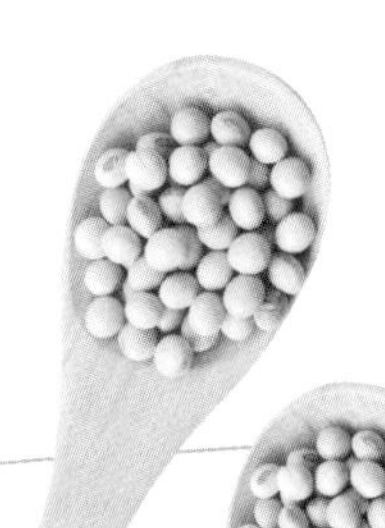

Black Sesame Seed Butter

黑芝麻醬

濃郁、新鮮、單純，黑芝麻醬不求人，炒香、磨碎成粉，簡單做出自製黑芝麻醬，平時備妥一罐，吃鹹吃甜都能搭配組合。

食材：

黑芝麻1/2碗

使用器具：

- 平底鍋
- 料理棒（部分果汁機無磨粉或醬的功能，若使用果汁機，需先看產品說明書。料理棒可依所需分量製作，較為方便）

做法：

1. 黑芝麻用平底鍋以中火乾炒炒香，待涼後放入研磨盒。
2. 以料理棒將黑芝麻粉研磨成醬即可完成。

Black Sesame Soy Milk

黑芝麻黑豆漿

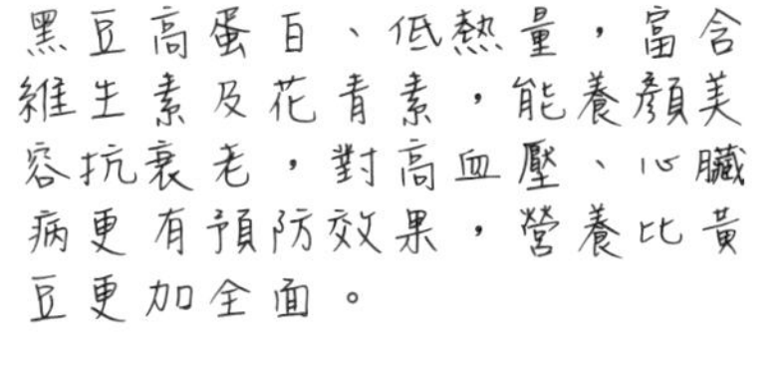

黑豆高蛋白、低熱量，富含維生素及花青素，能養顏美容抗衰老，對高血壓、心臟病更有預防效果，營養比黃豆更加全面。

食材：

黑豆100g、水300c.c.、黑芝麻醬1大匙（做法見p.138）

使用器具：

- 料理棒（若無，亦可使用果汁機）

做法：

1. 將黑豆與水入壓力鍋，煮至上升2條線轉小火15分鐘。
2. 將黑豆漿加入黑芝麻醬一起以料理棒打勻即完成。

微微蔡貼心小叮嚀

這杯黑芝麻黑豆漿若做成冰的，亦可加入香蕉。香蕉具有益智、幫助腦神經傳導的功能，只要把1/2根香蕉用料理棒打成泥，再加入黑芝麻黑豆漿拌勻即可完成，非常簡單又方便喔！

Black Sesame and Pumpkin Paste

黑芝麻南瓜糊

高纖的南瓜能抑制飢餓，減緩消化速度，延長飽足感，微甜的天然滋味，搭配甜中帶苦的黑芝麻醬，營養健康的代餐新選擇。

食材：

黑芝麻醬1大匙（做法見p.138）、南瓜150g、白飯1/3碗、水500ml

使用器具：

- 不鏽鋼鍋（或電鍋）
- 料理棒（若無，亦可使用果汁機）

做法：

1. 將南瓜切塊，與白飯加水煮成南瓜粥。
2. 將南瓜粥以料理棒打成泥。
3. 最後加黑芝麻醬拌勻即可完成（可依個人喜好添加一點鮮奶油）。

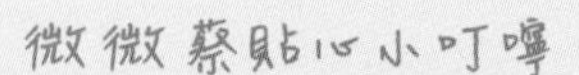

微微蔡貼心小叮嚀

黑芝麻保存不易，建議不要一次買太多，用多少買多少。自己用鍋子烘焙出香氣，待涼再研磨成粉，品質、味道都會是最棒的。

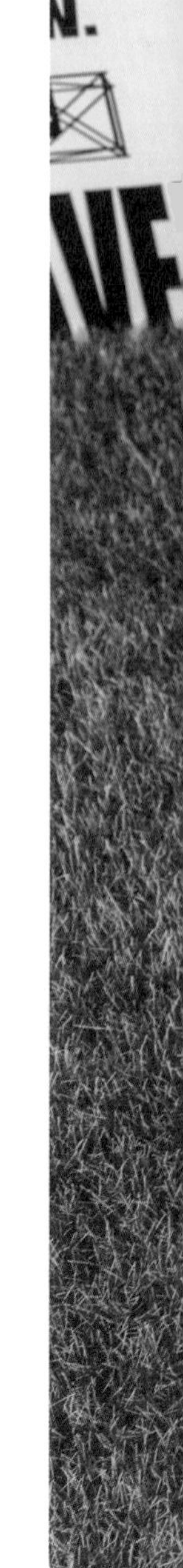

POPULAR
GIRLS.
WHAT IT
DON'T THINK.
FEEL!
JUST GO!

Black Sesame and Wood Ear Mushrooms Drink

黑芝麻
黑木耳露

黑木耳露味道簡單純粹，拌入香氣十足的黑芝麻醬，創造更多可能，組合出不同的味蕾饗宴，健康、美味通通兼具。

食材：

黑木耳露1杯（做法見p.044）、黑芝麻醬2大匙（做法見p.138）

使用器具：

- 料理棒（若無，亦可使用果汁機）

做法：

黑木耳露加黑芝麻醬以料理棒打成漿即完成。

Walnut and Black Sesame Soup

核桃黑芝麻糊

滿滿飽足感的糯米粥，搭配富含鐵和鋅的紫米，男女皆宜，能補血又有益攝護腺，小小一杯，是適合一家老小的營養輕食。

食材：

糯米1大匙、紫米1大匙、黑芝麻醬2大匙（做法見p.138）、核桃1大匙

使用器具：

- 壓力鍋（若無，亦可使用一般鍋子，但所需時間較長）
- 平底鍋
- 料理棒（若無，亦可使用果汁機）

做法：

1. 糯米、紫米以淹過2倍的水煮成粥後，以料理棒打成泥，再加黑芝麻醬打成黑芝麻糊。
2. 核桃以平底鍋乾鍋烤香後，放入研磨盒中，以料理棒打成粉，撒入做法1中即完成。

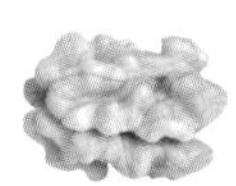

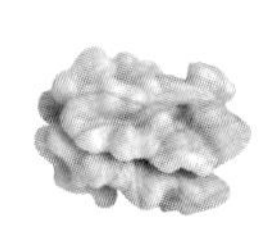

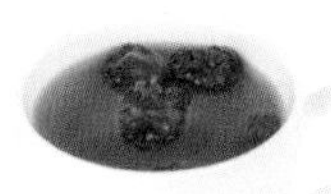

Longan, Jujube and Honey Tea

桂圓紅棗蜂蜜熱飲

天寒或久坐冷氣房的上班族容易手腳冰冷，這時來上一杯熱呼呼的桂圓熱飲就是最佳選擇。桂圓、紅棗和蜂蜜的搭配，還能補氣健腦，暖身又暖心。

食材：

桂圓5g、紅棗（去籽）5顆、水400ml、蜂蜜一大匙

使用器具：

- 不鏽鋼鍋

做法：

1. 桂圓、紅棗入熱水煮3分鐘，再放外鍋燜15分鐘。
2. 待不燙時淋上蜂蜜即可完成。

微微蔡貼心小叮嚀

桂圓能抗老、增強身體免疫；紅棗能養血安神，養顏美容。將紅棗和桂圓搭配飲用，不僅能夠保健脾胃，也可以補血安神，特別適合女性或身體虛弱的人調養身體。

Almond Tea

古早味杏仁茶

雪白的杏仁茶入口滑潤，在家也能找回傳統古早滋味。杏仁除了眾所皆知能美白外，豐富的黃酮類和多酚類成分，能夠降低體內膽固醇，還能降低心臟病和慢性病的發病危險。

食材：

南杏仁120g、北杏仁30g、花生10g、白飯1碗、水1200ml、冰糖適量

使用器具：

- 壓力鍋（若無，亦可使用一般鍋子，但所需時間較長）
- 料理棒（若無，亦可使用果汁機）

做法：

1. 南杏仁、北杏仁、花生入壓力鍋先煮30分鐘。
2. 加白飯續煮滾後，用料理棒研磨打成漿。
3. 最後依個人喜好甜度加入冰糖即可完成。

微微蔡貼心小叮嚀

許多人不知道杏仁有南、北之分，就外形而言，南杏大而扁、顏色比較淺；北杏外形小而厚、顏色偏黃。南杏仁嚐起來帶有甜味，北杏仁則味道偏苦，一般在製作如杏仁茶或杏仁豆腐等中式甜品時，會將兩者混用。

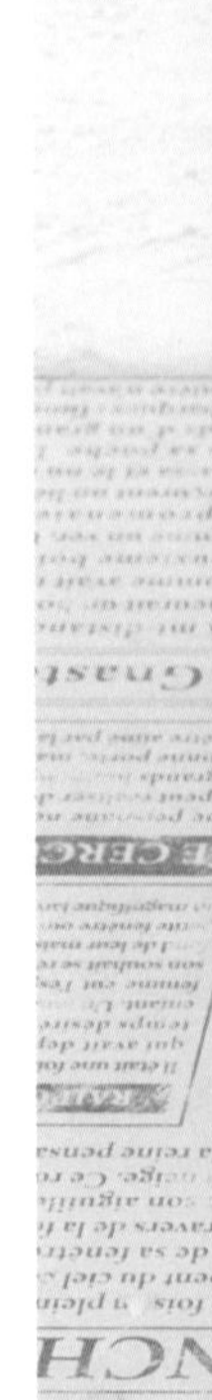

Almond Tea with Chopped Mixed Nuts

堅果杏仁米漿

悠閒的假日，煮好一鍋濃郁香潤的杏仁茶，忙碌的日常只要簡單加熱、撒上堅果碎屑，讓古早味的杏仁茶搖身一變，變化出新鮮滋味。

食材：

古早味杏仁茶300ml（做法見p.146）、堅果乾（松子、腰果、核桃、乾果）1大匙

使用器具：

- 料理棒（若無，亦可使用果汁機）

做法：

1. 堅果乾用料理棒（搭配研磨盒）打碎。
2. 將堅果碎加入古早味杏仁茶攪拌即可完成。

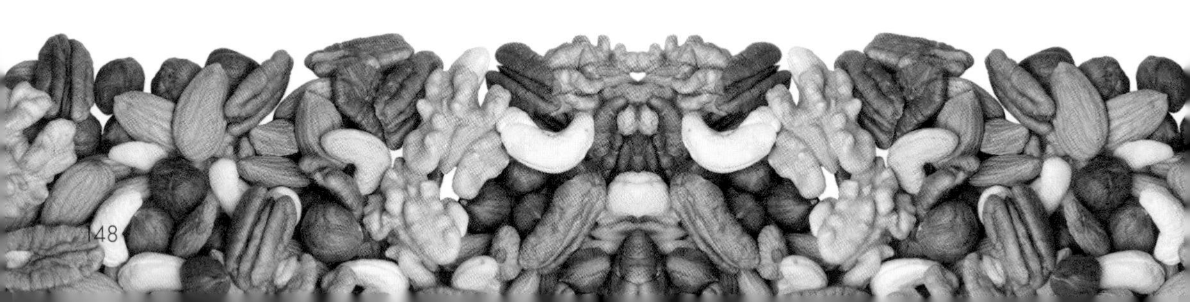

Salmon Millet Porridge

小米鮭魚蛋花米糊

被譽為「健腦主食」的小米，能防治神經衰弱，不含麩質、不易刺激腸道，非常適合六個月以上的嬰幼兒及老年人食用。溫熱的一杯鮭魚米糊，滋味香醇，營養滿分。

食材：

小米1/2杯、蛋一顆、鮭魚100g、菠菜一株

調味料：白胡椒適量、鹽適量

使用器具：

- 不鏽鋼鍋
- 料理棒（若無，亦可使用果汁機）

做法：

1. 小米放2杯水入鍋煮熟後打成米糊，再加入調味料。
2. 鮭魚煮熟後用料理棒（搭配S刀頭）打成泥加入米糊中。
3. 最後放入蛋花並灑上蔥花即可完成。

Blueberry, Banana and Spinach Juice

藍莓菠菜banana

酸甜藍莓不只美味，其中富含的抗氧化成分還能防止老化、活化腦力、增強記憶力，搭配能有助於穩定情緒的菠菜，一杯就能強健腦力，舒緩緊張。

食材：

菠菜1株、藍莓30g、香蕉1/2條、檸檬1/2顆（擠成檸檬汁）、黑糖1大匙、冰塊適量、檸檬片1片

使用器具：

- 不鏽鋼鍋
- 料理棒（若無，亦可使用果汁機）

做法：

1. 菠菜燙熟後和檸檬片以外的所有材料用料理棒（搭配S刀頭）打成泥。
2. 最後放上檸檬片裝飾即可完成。

Chocolate Peanut Milk

花生巧克力牛奶

人見人愛的花生巧克力牛奶，其實內含的營養素相當有益，大量的卵磷脂和腦磷脂可以補充大腦營養，修復受損的腦細胞，提高記憶力。不論是早晨或午茶時分，一杯香醇入口，輕鬆健腦好心情。

食材：

花生（去膜炒熟）100g、黑巧克力40g、牛奶200ml

使用器具：

- 料理棒（若無，亦可使用能研磨醬的果汁機，但黑巧克力需隔水溶化後一會兒再加入牛奶中）

做法：

1. 將花生放入研磨盒中，以料理棒研磨成花生醬，再加黑巧克力一起打成花生巧克力醬。
2. 將做法1放入牛奶中一起以料理棒打勻即可完成。

Chapter 6

活力好眠：

提升代謝氣色好，幫助睡眠安穩睡！

Mashed Vegetable Curry Soup

蔬菜泥湯咖哩

小小一杯改善血液循環，提高新陳代謝，晚餐配著主食搭配食用，滋味濃郁不膩口，營養又健康。

食材：

洋蔥1個、蒜頭10瓣、薑2片、紅蘿蔔1條、馬鈴薯1顆、蔬菜高湯1000ml、咖哩粉5大匙、醬油1/2大匙、鹽巴1/2小匙、糖1大匙

使用器具：

- 易拉轉（若無，亦可用刀切碎）
- 不鏽鋼鍋
- 料理棒（若無，亦可使用果汁機）

微微蔡貼心小叮嚀

湯咖哩內含的薑和咖哩，能有效促進血液循環，惟須注意腸胃功能不佳者要慎用，不要空腹吃較刺激的食物。

做法：

1. 洋蔥、蒜頭、薑先以易拉轉切碎，再入鍋以1大匙油炒香。
2. 於做法1中加入咖哩粉、醬油、鹽巴及糖。
3. 紅蘿蔔、馬鈴薯切塊後放入做法2中，加1杯水蓋上鍋蓋悶煮，煮至冒煙5分鐘後用料理棒打成泥。
4. 食用前加入高湯即可變湯咖哩。

Pumpkin Soup with Pine Nuts

薑黃蜂蜜檸檬汁

微苦的薑黃除了能促進血液循環，蜂蜜檸檬汁本身也具有清腸排毒功能。蜂蜜和檸檬兩者一起飲用，可增加人體抵抗力，促進有毒物質排出。香甜蜂蜜、解膩微酸檸檬，風味佳也相當健康。

食材：

薑黃10g、蜂蜜1大匙、檸檬1/2顆、水500ml

做法：

1. 蜂蜜和水調勻成蜂蜜水。
2. 加入加薑黃及檸檬片即可完成。

微微蔡貼心小叮嚀

薑黃味道較刺激，但營養價值很高，只要搭配適合的食材，例如加上蜂蜜及現擠檸檬，就能變出好喝的飲品喔！

Ginger Tea with Jujube and Wolfberry

紅棗枸杞薑茶

補氣補血就該喝紅棗枸杞，經前來上一杯，潤色補氣好簡單！經期時易水腫，這時反而要避免飲用。選對時機，補氣血好簡單。

食材：

老薑120g、紅棗10顆、枸杞1大匙、水2L

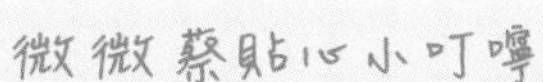

使用器具：

- 易拉轉（若無，亦可用刀切碎）
- 不鏽鋼鍋

微微蔡貼心小叮嚀

紅棗和枸杞本身即帶有自然的清甜，若想喝甜一點，也可再放黑糖調味喔！

做法：

1. 薑以易拉轉切碎，待鍋熱後入鍋乾烤烤香再加水煮。
2. 紅棗劃開入鍋煮5分鐘。
3. 枸杞入鍋一起煮1分鐘，接著放外鍋燜15分鐘即可完成。

Garlic Flavored
Clam Essence

大蒜蜆精

滴滴精純，蜆精不求人，搭配微嗆香的大蒜，能提高新陳代謝。壓力大或是常熬夜時，來杯自製蜆精，保肝補體力。

食材：

去皮大蒜1碗、蜆1斤

使用器具：

- 壓力鍋（若無，亦可使用一般鍋子，但所需時間較長）

做法：

所有食材一起入壓力鍋煉30分鐘即可完成。

微微蔡貼心小叮嚀

大蒜雖辛辣、嗆味十足，但經過提煉之後，味道會變得比較溫和，且完全沒有嗆味，大人小孩都愛喝，是幫家人補身體的養身聖品喔！

Carrot-Celery-Garlic Juice

不裝蒜蔬菜飲

鮮橘胡蘿蔔汁搭配少許蒜味，提神又活血，精神不濟時來上一杯，內含的芹菜還能有利安定情緒，消除煩躁，提神醒腦沒煩惱。

食材：

紅蘿蔔1/2條、蒜1瓣、西洋芹100g、冰糖1小匙、冰水500ml

使用器具：

- 不鏽鋼鍋
- 料理棒（若無，亦可使用果汁機）

做法：

1. 紅蘿蔔切大塊，加水100ml入鍋煮，待煮軟後加入冰糖，用料理棒壓成泥。
2. 大蒜及西洋芹一起用料理棒（搭配S刀頭）打成泥，再加入做法1與冰水500ml即可完成。

Dark Chocolate Almond Milk

黑巧克力杏仁奶

美國大杏仁是營養價值很高的保健品，含有多種健康蛋白質和膳食纖維，搭配黑巧克力和堅果碎，為生活輕鬆創造簡單的幸福滋味。

食材：

手工原味杏仁奶1杯（做法見p.093）、85%黑巧克力50g、堅果1大匙

使用器具：

- 不鏽鋼鍋
- 易拉轉（若無，亦可用刀切碎）

做法：

1. 將黑巧克力隔水溶化。
2. 用易拉轉將堅果打碎（顆粒粗細依個人喜好）。
3. 在手工原味杏仁奶中加入做法1的黑巧克力醬及打碎的堅果即可完成。

楊平的料理菜鳥小心聲

偷偷告訴大家，我維持好身材的小祕方就是早上喝一杯美國大杏仁奶。平常忙碌時，我會喝這杯黑巧克力杏仁奶取代正餐，只要將美國大杏仁奶加上黑巧克力和堅果碎，不但有飽足感，還能讓我一整天幸福滿滿。

Pumpkin Soup with Pine Nuts

松子洋蔥南瓜杯湯

松子的香氣搭配香甜潤滑又濃郁的南瓜濃湯，做法簡單，營養滿分。添加椰奶還能提升特別的豐富滋味喔！

食材：

南瓜1/2顆、椰奶1杯、洋蔥1/2個、松子1大匙、胡椒鹽適量

使用器具：

- 易拉轉（若無易拉轉，亦可用刀切碎）
- 不鏽鋼鍋
- 料理棒

做法：

1. 洋蔥以易拉轉切碎入鍋炒出香氣，再與南瓜一起煮軟，以料理棒打成泥。
2. 於步驟1中加入椰奶，並以胡椒鹽調味。
3. 最後灑上松子即完成。

Black Soybean Tea with Jujube and Wolfberry

黑豆枸杞紅棗茶

富含花青素的黑豆水，抗老利尿，簡單步驟就能在家自己做，搭配枸杞和紅棗清淡香氣，睡前一杯，溫熱暖身助好眠。

食材：

黑豆水2000ml（做法見p.090）、枸杞1大匙、紅棗10顆

使用器具：

- 不鏽鋼鍋

做法：

黑豆水與紅棗、枸杞入鍋煮3分鐘後，放外鍋燜15分鐘即可完成。

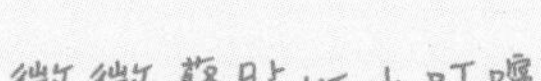

微微蔡貼心小叮嚀

睡前盡量別喝太刺激的飲品，改喝點能安神放鬆的熱飲，不但可暖暖手腳，還幫助夜夜好眠呢！

Peanut and Black Soybean Milk

黑豆花生豆漿

黑豆淡淡的香氣搭配花生濃郁醇厚的味道，創造出意想不到的絕妙滋味，喝下一杯就能獲得滿滿營養，你也來試試吧！

食材：

花生米1/2杯、黑豆1/2杯、白米30g、枸杞15g、冰糖8g

使用器具：

- 壓力鍋（若無，亦可使用一般鍋子，但所需時間較長）
- 料理棒（若無料理棒，亦可使用果汁機）

做法：

1. 花生米、白米、黑豆淘洗乾淨，入壓力鍋煮30分鐘後以料理棒打成泥。
2. 於做法1放入洗淨的枸杞和冰糖，並加入適量的水（水量依個人喜好濃度調整）即可完成。

Soy Fruit Smoothie

黑豆水果奶昔

黑豆與水果創意搭配，能提高鐵質、維生素E、胡蘿蔔素的吸收，補血、抗老、護眼，一杯搞定。火龍果鮮明亮紅混上奶白色香蕉牛奶，組合出獨特的新滋味，是視覺與味蕾雙重饗宴。

食材：

熟黑豆一大匙、香蕉1/2條、火龍果1/4個、冰牛奶250ml

使用器具：

- 料理棒（若無料理棒，亦可使用果汁機將食材壓成泥，但因一般果汁機大多無法打奶泡）

做法：

1. 將熟黑豆以料理棒先打成黑豆泥。
2. 做法1再加入香蕉、火龍果以料理棒壓成泥。
3. 將冰牛奶以料理棒（搭配圓形打發刀頭）打發成奶泡，再加入做法2的黑豆水果泥即完成。

Pumpkin Black Bean Paste

黑豆南瓜糊

黑豆富含的鎂能促進肌肉生長，防止抽筋，緩和消化不良，搭配南瓜增添鮮甜，冷熱皆宜，不論四季都適合飲用的補身良品。

食材：

熟黑豆1/2杯、南瓜（去皮）1/4個、水1杯、冰糖適量（可依個人喜好添加）

使用器具：

- 料理棒（若無料理棒，亦可使用果汁機）
- 不鏽鋼鍋

做法：

1. 熟黑豆先以料理棒打成泥。
2. 南瓜入鍋放水蒸軟後，以料理棒壓成泥加入做法1中。
3. 於做法2中加入適量的水煮沸。
4. 再添加冰糖調味即完成。

微微蔡貼心小叮嚀

這道「黑豆南瓜糊」嚐起來濃醇甘甜，若將步驟4改用黑胡椒、鹽及起士調味，就能將這杯甜品變化成湯品囉！

Onion and Carrot Miso Soup

洋蔥味噌紅蘿蔔杯湯

鮮甜洋蔥與紅蘿蔔，為鹹香味噌增添一抹鮮味。洋蔥還能調節血壓、血脂，增強抵抗力，暖胃暖身，營養兼顧。

食材：

洋蔥精1杯（做法見p.048）、味噌1大匙、紅蘿蔔1/2個、細蔥花1小匙

使用器具：

- 不鏽鋼鍋
- 料理棒（若無料理棒，亦可使用果汁機）

做法：

1. 紅蘿蔔去皮切塊入鍋，用少許水煮軟後以料理棒搗成泥。
2. 於做法1中加入味噌調味，再倒入洋蔥精。
3. 最後灑上一點細蔥花即完成。

納豆香蕉黑糖蜜

納豆能降低心血管疾病，減少血栓風險，豐富的維生素及異黃酮物質還能預防骨質疏鬆，搭配香蕉、黑糖、糙米粥一起食用，滋味甜香，飽足感十足。

食材：

納豆1大匙、香蕉1/2條、黃豆糙米粥2大匙（做法見p.125）、黑糖適量

使用器具：

- 料理棒（若無料理棒，亦可使用果汁機）

做法：

將所有食材一起用料理棒拌勻後再加入黑糖即完成。

微微蔡貼心小叮嚀

老實說，當營養師開出納豆的食材給我時，我掙扎許久，但經過多次嘗試，調整比例，也找了許多人當我的實驗品後，終於創造出最完美的結合。相信我，這杯的味道絕對超乎想像的順口，快點去試試看吧！別再猶豫了！

White Fungus Drink

銀耳露

銀耳能提高免疫力，預防癌症，特別適合體質虛弱或是經期不順的女性，在醫學中是久負盛名的良品。簡單材料自己做，冷熱皆宜，稍做調味，就是一道健康小點。

食材：

白木耳3朵、水（淹過白木耳的3倍水量）

使用器具：

- 壓力鍋（若無，亦可使用一般鍋子，但所需時間較長）
- 易拉轉（若無，亦可使用刀子或食物剪刀）

做法：

1. 白木耳泡軟後用易拉轉稍微切碎。
2. 加入淹過白木耳3倍的水量，以壓力鍋煮30分鐘即可完成。

微微蔡貼心小叮嚀

白木耳俗稱銀耳，新鮮的用壓力鍋燉約需15～20分，乾燥的經泡軟再煮約需50分鐘，就能燉出天然的植物膠原蛋白，滑順可口，口感極佳。

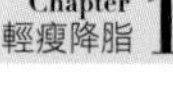

White Fungus Drink with Lotus Seed and Chopped Mixed Nuts

蓮子銀耳堅果飲

自製銀耳露加上蓮子和堅果，輕鬆變化出夏日甜品，滋補身心的蓮子，能平穩身心、潤肺、減緩失眠，忙碌的午後，沉澱心情，療癒又安神。

食材：

銀耳露1杯（做法見p.170）、新鮮蓮子6粒、堅果碎1小匙

使用器具：

- 壓力鍋（若無，亦可使用一般鍋子，但所需時間較長）

做法：

1. 蓮子入壓力鍋煮軟後加入銀耳露。（乾燥蓮子要入壓力鍋上升兩條線，轉小火煮15分；新鮮則上升兩條線，轉小火30秒即熄火待自然洩壓。）
2. 用料理棒把做法1打成泥漿。
3. 最後灑上堅果碎即可完成。

楊平的料理菜鳥小心聲

主持節目看似吃吃喝喝很快樂，但壓力真的很大，常常想著就難以入眠。自從微微蔡老師提供這份食譜，我最近飯後都習慣來杯蓮子銀耳飲，安神又可放下一整天的緊繃感，所以吃真的要吃對食物啊！

White Fungus Drink with Lotus Seed, Chinese Yam and Sesame Seeds

蓮子銀耳山藥芝麻飲

甜甜的蓮子銀耳露搭配滑順的山藥，口感更豐富，健康更加分。灑上一點黑芝麻還能增添香氣，補充營養喔！

食材：

銀耳露1杯（做法見p.170）、新鮮蓮子6粒、山藥100g、芝麻1大匙

使用器具：

- 壓力鍋（若無，亦可使用一般鍋子，但所需時間較長）
- 料理棒（若無料理棒，亦可使用果汁機）

做法：

1. 用壓力鍋將蓮子、山藥入鍋煮軟，上壓1分鐘熄火。
2. 黑芝麻用料理棒（搭配研磨盒）打成粉。
3. 用料理棒把做法1和銀耳露一起打成泥漿後淋上黑芝麻粉即完成。

White Fungus Drink with Cashew and Pineapple Jam

腰果銀耳鳳梨蜜

脆脆的腰果嚼起來齒頰留香，搭配酸酸甜甜的新鮮鳳梨，滑順可口的銀耳露，甜蜜的滋味一杯完美結合。

食材：

銀耳露1杯（做法見p.170）、鳳梨醬2大匙（做法見p.064）、原味腰果10g

使用器具：

- 料理棒（若無料理棒，亦可使用果汁機）

做法：

將銀耳露以料理棒打成泥漿後加入鳳梨醬和腰果即可完成。

White Fungus Soup with Sweet Fermented Rice and Rose Petal Jam

玫瑰銀耳甜酒釀

微甜的自製銀耳露搭配甜酒釀與充滿玫瑰香氣的玫瑰花醬，喝起來滑順清爽。細細品嚐，美麗的粉紅色結合玫瑰的醉人香氣，治癒身心又舒眠。

食材：

銀耳露200ml（做法見p.170）、玫瑰花醬2大匙、甜酒釀1大匙、水100ml、食用玫瑰少許（裝飾用）

使用器具：

- 料理棒

做法：

1. 將銀耳露加入玫瑰花醬、水及甜酒釀，以料理棒打勻。
2. 最後可依喜好添加食用玫瑰裝飾。

微微蔡貼心小叮嚀

食用玫瑰花瓣可以到大賣場、有機食品行、食品材料行購買，亦有農場於網路上直接販售，不難購得。玫瑰花瓣除了製作成銀耳甜酒釀，也可以搭配蜂蜜沖成玫瑰蜂蜜飲，或是做成甜點。

Whole Grain Porridge with Taro and Chestnut

芋見穀物糊

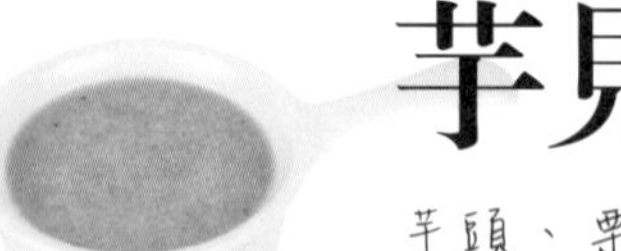

芋頭、栗子與穀物打成糊，一杯熱熱飲用，芋頭的香氣飄散在空氣中，芋見幸福一點都不難。

食材：

芋頭200g、糖200g、生（新鮮）栗子3粒、五穀米粥1碗（含糙米、大麥、玉米、燕麥、薏仁）

使用器具：

- 壓力鍋（若無，亦可使用一般鍋子，但所需時間較長）
- 料理棒（若無料理棒，亦可使用果汁機）

做法：

1. 芋頭切滾刀塊，將芋頭、糖及栗子放入壓力鍋中，加淹過栗子高度的水，煮至壓力桿上升兩條線轉小火5分鐘即為栗子蜜芋頭。
2. 將栗子蜜芋頭以料理棒打成泥。
3. 將紅棗入鍋煮好後，與做法2及五穀米粥以料理棒打成糊即完成。

微微蔡貼心小叮嚀

穀物主要是禾本科糧食作物及其種子，有好的澱粉及蛋白質。有些人習慣買打好的穀粉回來泡，但有些市售的穀粉可能被摻雜了過期或來源不清楚的穀物，所以買原形種子，煮完後再打成糊，營養自己把關。

Get Over Yourself./Know Yourself, First./Take
What?
You've had
I could eat a
BELIEVE
Be quick,
but don't hurry.
RECLAIMED,
ANYONE.
Rosso Bianco

Burdock Tea
with Wolfberry

牛蒡
枸杞茶

牛蒡可以鎮靜神經，平時有睡眠困擾的人不妨泡杯牛蒡茶，再搭配甜甜的枸杞，更能達到靜心安神的效果。

食材：

牛蒡1支、枸杞2大匙、熱水1杯（依個人要喝的量添加）

使用器具：

- 不鏽鋼鍋

做法：

1. 牛蒡去皮切片後，入鍋烤香。
2. 於做法1沖入熱水，即為牛蒡水。
3. 將枸杞泡1分鐘後，再加入做法2的牛蒡水即可完成。

微微蔡貼心小叮嚀

市面上有些劣質枸杞會染色加工，我在這邊就教大家如何分辨枸杞是否染色，以後採買就免擔心囉！

★**觀察蒂頭**：染色的枸杞會連蒂頭處的小白點也都染紅了，正常的枸杞蒂頭應該是白色的喔！

牛蒡紅蘿蔔湯

淡淡的牛蒡香氣和胡蘿蔔天然的甜味，是最幸福的好味道。熱熱喝不但暖心暖胃，還兼具營養與美味，

食材：

牛蒡水500ml（見p.180做法2）、熟紅蘿蔔1/2條

使用器具：

- 料理棒（若無料理棒，亦可使用果汁機）

做法：

熱的牛蒡水加煮熟的紅蘿蔔以料理棒打勻即可完成。

微微蔡貼心小叮嚀

新鮮的牛蒡買回來刷洗乾淨，不用去皮，直接切片，入鍋烘烤出香氣後再去煮，會變得更香更濃，搭配紅蘿蔔，不僅顏色吸睛，口感也更香甜。

特別收錄：

本書各食材的營養素與功效

食材	營養素與功效	書中代表之相關飲品
香蕉	香蕉的鉀含量十分豐富，每根香蕉約有400毫克左右的鉀，可平衡人體內多餘的鈉，改善由鈉引起的高血壓。	**★ch1 [香蕉優格]（p.022）：** **香蕉**與**優格**結合能改善便祕。 **★ch1 [香蕉巧克力牛奶冰沙]（p.024）：** **黑巧克力**含有提升心智功能、調控脂肪代謝等多種功效；**牛奶**富含鈣質，與香蕉搭配可幫助心臟跳動正常；**堅果**助不飽和脂肪酸吸收，能排出多餘膽固醇。
	含色胺酸，可促進腦內血清素的合成，幫助紓緩緊繃感及焦慮，而所含的醣類也可安定腦部，讓情緒穩定、思緒集中。	**★ch4 [牛奶巧克力冰沙]（p.112）：香蕉**能舒緩緊繃感，**牛奶**可安定神經。 **★ch4 [香蕉豆米漿]（p.124）：** **豆米漿**的纖維質可促進腸胃蠕動及降膽固醇，維生素B群則能舒緩緊張情緒。

食材	營養素與功效	書中代表之相關飲品
鳳梨	鳳梨含有豐富的蛋白質、酵素，對高血壓患者的血液循環有好處。	★ch1 [鳳梨苦瓜汁]（p.028）：**苦瓜**可降血糖、降血脂 ★ch1 [鳳梨蘋果苦瓜汁]（p.028）：**蘋果**與**鳳梨**富含酵素，能讓體內活化，以提高脂肪的分解；**苦瓜**與**蘋果**結合能抗發炎、退火。 ★ch1 [鳳梨蔬果汁]（p.029）：**西洋芹**能幫助膽固醇排出；**檸檬**可增加體內脂肪的代謝。 ★ch3 [鳳梨蔬菜醋飲]（p.107）：鳳梨富含酵素，能幫助蛋白質、脂肪的消化，並促進排毒。將鳳梨製成醋飲，可平衡體內酸鹼值。 ★ch2 [鳳梨醬]（p.064）：自製的**鳳梨醬**可搭配其他食材一起打汁，亦可抹吐司、加優格，方常方便。 ★ch2 [鳳梨鮮果bar]（p.066）：結合**奇異果**促排便、幫助類黃酮吸收。 ★ch2 [鳳梨蔬菜飲]（p.067）：結合**芹菜**與**甜椒**，維生素C含量高，能抗癌、保護泌尿系統疾病。

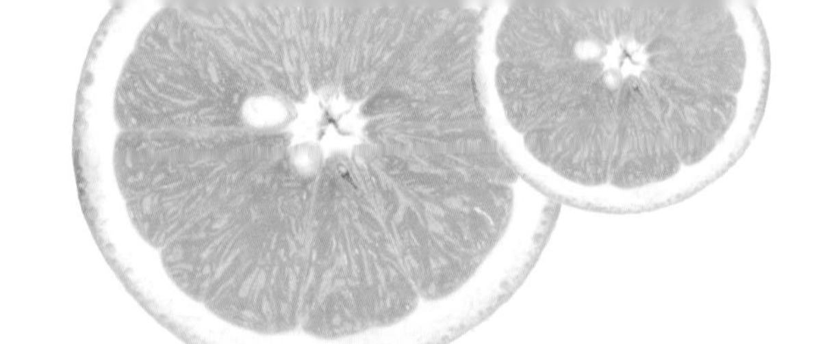

食材	營養素與功效	書中代表之相關飲品
柳丁	柳丁、柚子及橘子含有具稀釋血液功效的植化素，能自然降低血壓及膽固醇。	★ch1 [澄紅鮮果飲]（p.030）：結合**紅蘿蔔**能除斑、降膽固醇。 ★ch1 [木瓜柚鮮果飲]（p.031）：結合**木瓜**可穩定血壓。
	富含維生素C，能協助合成副腎上腺皮質素，幫助抗壓。	★ch4 [紅莧菜加C]（p.110）：**紅莧菜**可加速鐵的吸收。
奇異果	奇異果中所含的纖維有三分之一是果膠，而果膠則被認為具有降低血中膽固醇濃度之效果。	★ch1 [奇異果多多]（p.038）：**多多**可幫助益生菌繁殖、延緩血糖的飆升。
	富含維生素C，能協助合成副腎上腺皮質素，幫助抗壓。	★ch4 [奇異多蔬果]（p.118）：**西洋芹**能去火潤燥，疏清肝火，改善情緒不佳；**檸檬**能幫助維生素C吸收；**鳳梨**有助消化；**多多**助益生菌的生長，可幫助情緒穩定。
番茄	富含維生素C，能協助合成副腎上腺皮質素，幫助抗壓。	★ch4 [梅番茄蜜胡蘿蔔汁]（p.116）：搭配**胡蘿蔔**能加速維生素C吸收。

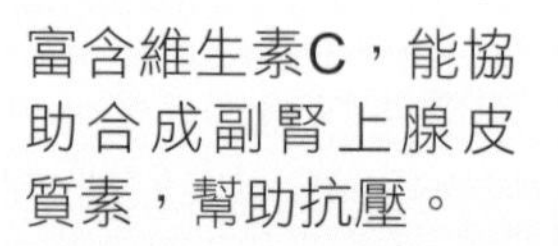

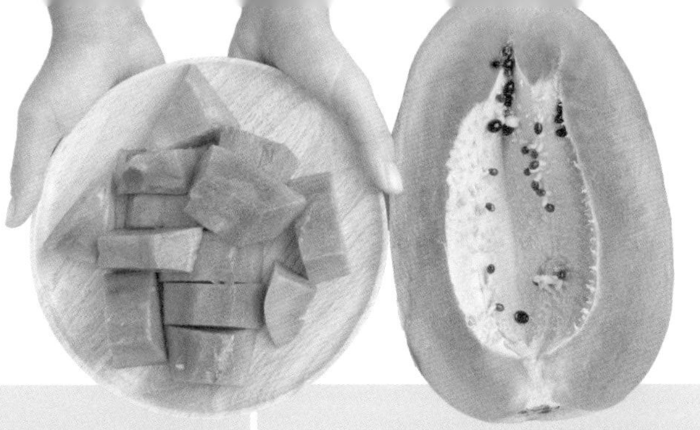

食材	營養素與功效	書中代表之相關飲品
木瓜	富維生素C，能協助合成副腎上腺皮質素，幫助抗壓。	★ch4 [木瓜牛奶]（p.115）：**牛奶**含鈣，能幫助精神放鬆，與**木瓜**搭配可帶來好心情。
樹葡萄、葡萄	富含花青素，能穩定血糖、保固視力，甚至是維持大腦運作都有一定助益。	★ch2 [樹葡萄蔬果飲]（p.074）：搭配**胡蘿蔔**、**鳳梨**與**番茄**，能增加鐵質吸收。 ★ch2 [樹葡萄蘋果泥]（p.076）：**蘋果**能養血益氣、預防貧血。 ★ch2 [樹葡萄優格冰沙]（p.077）：搭配**優格**可增加鈣質吸收。
芭樂	富含人體所需的維生素C，能協助體內合成副腎上腺皮質素，幫助抗壓，並改善疲勞及提不起勁的狀況。	★ch4 [Apple芭樂冰沙]（p.114）：**蘋果**有豐富的可溶性膠質纖維，與維生素C高的**芭樂**搭配，可解清熱、膽固醇、抗壓力。

食材	營養素與功效	書中代表之相關飲品
藍莓 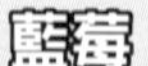 	藍莓的多酚能幫助細胞排除過多的鐵元素，防止細胞受破壞，預防心臟病、癌症和阿茲海默症。	★ch1 [檸香藍莓堅果冰沙]（p.032）：**檸檬**可降火、美白去斑；腰果可抗氧化，延緩老化；**蘋果**能降膽固醇、預防動脈硬化、強化視力。
	富含葡萄糖，為大腦的能量來源。	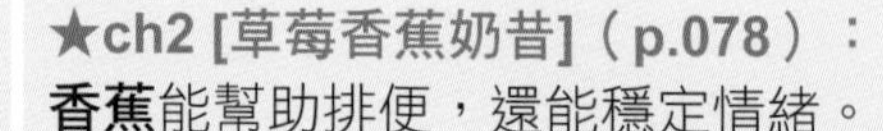 ★ch5 [藍莓菠菜banana]（p.150）：根據研究報告顯示，**藍莓**的抗氧化成份有助於防止老化、活化腦力、增強記憶力。
莓果（例如草莓、藍莓、黑莓、小紅莓、桑葚） 	富含花青素與白藜蘆醇。花青素能穩定血糖、保固視力；白藜蘆醇具有抗氧化和神經保護作用，能預防心血管疾病。	★ch2 [草莓香蕉奶昔]（p.078）：**香蕉**能幫助排便，還能穩定情緒。 ★ch2 [草莓優格冰沙]（p.080）：搭配**優格**可增加鈣質吸收。 ★ch2 [綜合莓果冰沙]（p.084）：**莓果類**的多酚及維生素含量很高，有保健、美容、促代謝的功效。 ★ch2 [自製桑葚醬]（p.081）：自製的**桑葚醬**可搭配其他食材一起打汁，亦可抹吐司、加優格，方常方便。 ★ch2 [香蕉優格冰沙佐桑葚醬]（p.082）：**香蕉**與**優格**能改善便祕，搭配桑葚可補充花青素與白藜蘆醇。 ★ch3 [莓果優格]（p.106）：**優格**含鈣質與益生菌，可改善腸道環境、促進腸道蠕動。

食材	營養素與功效	書中代表之相關飲品
酪梨	酪梨含有豐富的單元不飽和脂肪酸，有助降低心血管疾病罹患率、降低高血糖與高血膽固醇風險等效果。	★**ch1 [酪梨牛奶]（p.033）：酪梨**配**牛奶**能增加礦物質含量。 ★**ch1 [茄蜜酪梨鮮飲]（p.034）：** **酪梨**搭配**番茄**可幫助身體吸收茄紅素與β-胡蘿蔔素。 ★**ch1 [酪梨薯泥牛奶]（p.036）：** **酪梨**搭配**馬鈴薯**能預防皮膚提早老化、調節血壓。 ★**ch1 [酪梨蘋果蔬果汁]（p.037）：菠菜**能預防高血壓；**蘋果**能幫助水分排除、穩定血壓。
芹菜	芹菜的鎮靜素能抑制血管平滑肌緊張，減少腎上腺素的分泌，從而降低和平穩血壓。	★**ch1 [芹菜紅蘿蔔蘋果汁]（p.039）：**搭配**蘋果**能幫助水分排除、穩定血壓；搭配胡蘿蔔能幫助胡蘿蔔素吸收。
菠菜	菠菜富含維生素B群，若缺乏維生素B群時，容易出現疲倦、精神不集中等現象。	★**ch4 [菠菜洋蔥牛肉精]（p.122）：**搭配**牛肉**能補脾胃，益氣血。
薏仁	薏仁富含鋅，能清除自由基，減輕疲勞，避免精神渙散。	★**ch4 [紅豆薏仁米漿]（p.129）：**結合**紅豆**可幫助消腫、促血液循環。

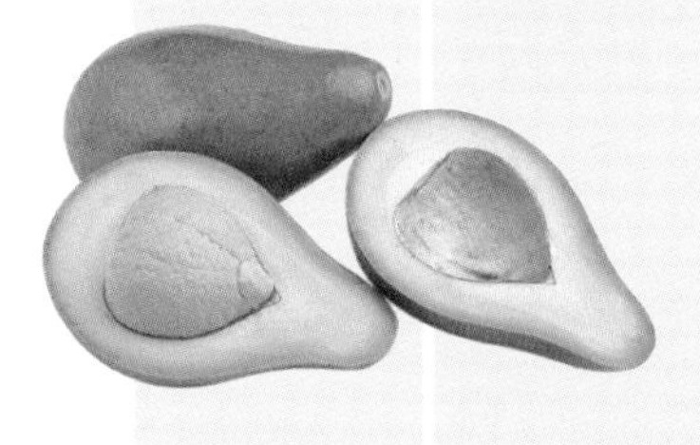

食材	營養素與功效	書中代表之相關飲品
核桃	富含鎂，能參與能量代謝作用，安定神經系統，幫助舒緩肌肉緊繃。	★ch4 [紅棗核桃米糊]（p.130）：搭配**紅棗**能改善血液循環、預防貧血。
桂圓	富含鎂，能參與能量代謝作用，安定神經系統，幫助舒緩肌肉緊繃。	★ch4 [桂圓紅棗紅豆漿]（p.132）：搭配**紅棗**、**豆漿**與**紅豆**，能補氣養血與安神。
桂圓、紅棗、蜂蜜	富含葡萄糖，為大腦的能量來源。	★ch5[桂圓紅棗蜂蜜熱飲]（p.144）：**桂圓**、**紅棗**與**蜂蜜**結合，具有補氣健腦的功效。
毛豆	含色胺酸，能協助合成血清素及褪黑激素，安定神經，幫助入眠。	★ch4 [毛豆濃湯]（p.126）：**馬鈴薯**可紓壓；**紅蘿蔔**能幫助胡蘿蔔素的吸收；**藜麥**可幫助不飽和脂肪酸吸收。
芋頭	含色胺酸，能協助合成血清素及褪黑激素，安定神經，幫助入眠。	★ch4 [芋見豆漿]（p.128）：搭配**豆漿**能幫助維生素B群吸收。
栗子	富含鉀，有助於降低血壓，促進良好的睡眠。	★ch6 [芋見穀物糊]（p.178）：**栗子**搭配紅棗有助安神；搭配**糙米**可顧腸胃。

食材	營養素與功效	書中代表之相關飲品
蘆筍	蘆筍含有葉酸，葉酸可修復細胞基因，攝取葉酸可減少三成的大腸癌風險。	★ch2 [蘆筍汁]（p.070）：**蘆筍**可消除疲勞，不加糖即可直接飲用。
茄子	茄子含豐富的類黃酮，能夠增強人體細胞的黏著力，增強毛細血管的彈性。	★ch1 [雙茄汁]（p.053）：**茄子**搭配**番茄**有助維生素C的吸收，還能平穩血壓，強化血管彈性。
花椰菜	花椰菜中含有類黃酮和膽鹼，類黃酮可以增強血管壁彈性，調節血壓；膽鹼則能夠促進體內脂肪的代謝。	★ch1 [綠花椰番茄梅汁]（p.050）：**番茄**富含茄紅素，可改善潰瘍、抗氧化（但須煮熟，並用油烹飪才能帶出茄紅素）。 ★ch2 [青花椰菜汁]（p.068）：**花椰菜**具有高抗氧化力的「蘿蔔硫素」，有抗癌效果。
秋葵	秋葵含可溶性纖維，幫助膽酸的排出，抑制膽固醇的吸收；其黏液含有果膠和黏多糖類等多糖，可減少脂類物質在動脈管壁上的堆積。	★ch1 [秋葵蘋果鳳梨汁]（p.042）：**蘋果**、**鳳梨**、**檸檬**皆具有潤腸、通便、降血糖、抑制腫瘤的效果（若擔心太過寒涼，可以加點**生薑片**）。

食材	營養素與功效	書中代表之相關飲品
洋蔥	洋蔥富含的硫代亞硫酸鹽，被證實可保護心血管疾病。洋蔥還能阻止血小板凝結，並加速血液凝塊溶解。	★ch1 [洋蔥精]（p.048）：可提升代謝、提高免疫力。 ★ch1 [洋蔥大蒜精]（p.049）：**大蒜**能預防癌症，還具有抗菌、抗發炎的功效。 ★ch4 [洋蔥蘋果精]（p.119）：搭配富含維生素C的**蘋果**，可帶來好氣色，補充身體所需元氣。
大蒜	大蒜的蒜素有抗氧化作用，可以減少人體產生自由基，及抑制癌細胞的增殖與生長。	★ch2 [糖醋蒜汁]（p.056）：**大蒜**能預防癌症，還具有抗菌、抗發炎的功效。 ★ch2 [糖醋蒜黃瓜汁]（p.057）：搭配**小黃瓜**可調降血脂。
	能促進血液循環，提高新陳代謝，還能促進體內脂肪分解，緩和飯後血糖值上升的作用。	★ch6 [大蒜蜆精]（p.158）：**大蒜**能預防癌症，還具有抗菌、抗發炎的功效。 ★ch6 [不裝蒜蔬菜飲]（p.159）：結合**蔬菜**可補充元氣、促進代謝。
韭菜	富含蒜素，有抗氧化作用，可以減少人體產生自由基，及抑制癌細胞的增殖與生長。	★ch2 [韭菜薑汁]（p.058）：**薑**能幫助血液循環。

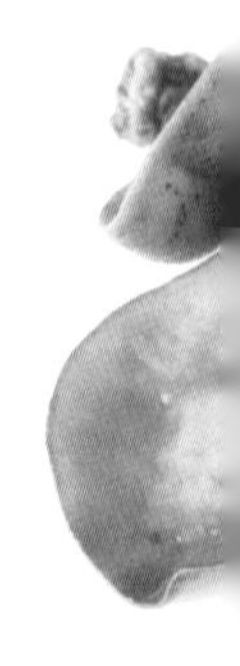

食材	營養素與功效	書中代表之相關飲品
黑木耳	黑木耳的「多糖體」的纖維素共同作用，能促進胃腸蠕動，防止便祕，並提高腸道脂肪食物的排泄。	★ch1 [黑木耳露]（p.044）：**黑木耳**熱量低、富含膳食纖維，有降低膽固醇的功效。 ★ch1 [黑木耳核桃露]（p.045）：**核桃**可降低膽固醇。 ★ch1 [黑木耳豆腐腦]（p.046）：搭配**豆花**，降低體內膽固醇效果更好。
高麗菜	富含葉酸，葉酸可修復細胞基因，攝取葉酸可減少三成的大腸癌風險。	★ch2 [高麗菜雙果汁]（p.071）：搭配**火龍果**，可增加花青素吸收。
地瓜葉	富含葉酸，葉酸可修復細胞基因，攝取葉酸可減少三成的大腸癌風險。	★ch2 [地瓜葉南瓜濃湯]（p.072）：**南瓜**富含維生素B群與膳食纖維，可改善提勞、幫助排便。 ★ch2[地瓜葉黃豆糙米漿]（p.073）：搭配**黃豆糙米**可補充優質蛋白質。
	富含膳食纖維，能幫助腸胃蠕動、刺激便意產生。	★ch3 [地瓜葉蘋果牛奶]（p.099）：**地瓜葉汁**能減脂、預防心血管疾病。**地瓜葉**與**蘋果**富含膳食纖維，能改善便祕。

食材	營養素與功效	書中代表之相關飲品
納豆	含色胺酸，為大腦製造血清素及褪黑激素的原料。血清素能讓人放鬆，減緩神經活動而引發睡意。	★ch6 [納豆香蕉黑糖蜜]（p.169）：**納豆**結合**香蕉**能讓色胺酸吸收更充足，且香蕉也可以消除納豆的味道。
地瓜	地瓜含黏液蛋白，能減少血液膽固醇，有助降低血脂。	★ch1 [地瓜紅豆花生牛奶]（p.040）：**地瓜**搭配**花生**，降血脂效果更加倍；**牛奶**可維護血管暢通；**紅豆**可消水腫。
南瓜	富含維生素B群，若缺乏維生素B群時，容易出現疲倦、精神不集中等現象。	★ch4 [南瓜栗子濃湯]（p.120）：搭配**栗子**可改善因腎虛引起的疲勞。
	富含膳食纖維，能幫助腸胃蠕動、刺激便意產生。	★ch3[南瓜山藥枸杞飲]（p.098）：**南瓜**、**山藥**為富含膳食纖維的根莖類，能刺激腸胃蠕動。

食材	營養素與功效	書中代表之相關飲品
黃豆	黃豆零膽固醇，還有豐富的膳食纖維、卵磷脂與大豆異黃酮。異黃酮能降低與雌激素相關的癌症。	★ch1 [黃豆牛奶堅果飲]（p.052）：**黃豆**鈣質含量低，與**牛奶**一起搭配可彌補鈣質不足。搭配**堅果**，預防心血管疾病。 ★ch2 [五行豆漿]（p.059）：包含**黃豆**、**綠豆**、**黑豆**、**紅豆**、**燕麥**、**薏仁**，營養全面。 ★ch2 [抹茶豆漿]（p.060）：**抹茶**可抗氧化。
	富含卵磷脂，增加腦細胞膜的流動性及腦細胞葡萄糖的濃度，使腦細胞更活躍，提升短期記憶力。	★ch5 [黃豆糙米漿]（p.136）：**黃豆**搭配**黑芝麻**，可幫助腦細胞生長。
奇亞籽	奇亞籽富含果膠，能吸附腸道多餘水分，讓稀稀的水便較易成形。	★ch3 [夢幻奇亞籽能量飲]（p.100）：**奇亞籽**含豐富的膳食纖維；**蝶豆花**富含花青素。 ★ch3 [黃色奇蹟芒果奇亞籽凍飲]（p.102）：搭配**蜂蜜**可潤腸。 ★ch3 [彩虹奇亞籽]（p.104）：**火龍果**含花青素，**奇異果**富含維生素C。

食材	營養素與功效	書中代表之相關飲品
薑黃粉	富含薑黃素，可抗發炎、預防癌症。	★ch2 [薑黃水果奶昔]（p.062）：**蘋果**可補充維生素C ★ch2 [薑黃蔬果飲]（p.063）：**鳳梨**含膳食纖維；**胡蘿蔔**含維生素與胡蘿蔔素。
味噌	味增的蛋白質在酵素的作用下容易被人體吸收，也含有多種微量元素與營養素。	★ch6 [洋蔥味噌紅蘿蔔杯湯]（p.168）：**洋蔥**能增強免疫力；**紅蘿蔔**富含β胡蘿蔔素。
薑、**薑黃**、**蔥**、**大蒜**、**咖哩**、**紅棗**、**枸杞**	促進血液循環：改善血液循環，提高新陳代謝，還能促進體內脂肪分解，緩和飯後血糖值上升的作用。	★ch6 [蔬菜泥湯咖哩]（p.154）：**咖哩**搭配**紅蘿蔔**，能增加葉黃素吸收。 ★ch6【薑黃蜂蜜檸檬汁】（p.156）：**蜂蜜檸檬汁**本身就具有清腸排毒功能，因**蜂蜜**有潤腸之效，可幫助人體排便，**檸檬**則含有豐富的維生素C，兩者一起飲用可增加人體抵抗力，促進有毒物質排出。 ★ch6【紅棗枸杞薑茶】（p.157）：**紅棗**搭配**枸杞**與**黑豆**，能補腎、補血。
燕麥	燕麥含有β-葡聚醣，可以減緩腸胃吸收脂肪的速度，降低膽固醇的合成。	★ch1 [水果燕麥巧克力奶]（p.026）：**燕麥**能改善便祕、幫助膽固醇排出。**香蕉**可提高人體血清素含量，**牛奶**有利蛋白質、膳食纖維、維生素與微量元素的吸收。

食材	營養素與功效	書中代表之相關飲品
五穀雜糧（糙米、大麥、玉米、燕麥、小麥、蕎麥、裸麥、薏仁、藜麥、奇亞籽）	富含膳食纖維，能幫助腸胃蠕動、刺激便意產生。	★ch3 [黑芝麻活力杯飲]（p.088）：**黑芝麻**能抗癌、降血脂、補鈣。 ★ch3 [紅棗枸杞百合活力杯飲]（p.089）：**百合**可促血液循環、健脾健胃；**枸杞**可護肝、生津。
黑豆	富含膳食纖維，能幫助腸胃蠕動、刺激便意產生。	★ch3 [黑豆水]（p.090）：**黑豆**亦富含蛋白質。 ★ch3 [黑豆薏仁蓮子]（p.092）：**薏仁**具利濕的效果；**蓮子**能安神、助血液循環，還可幫助抗氧化、促排便。
	富含鎂，能能促進肌肉生長，防止肌肉抽筋，緩和消化不良，幫助脂肪燃燒並產生熱量。	★ch6 [黑豆枸杞紅棗茶]（p.163）：**黑豆**結合**紅棗**，具活血功效，可改善缺鐵性貧血；結合**枸杞**，能活血、增強免疫力。 ★ch6 [黑豆花生豆漿]（p.164）：**花生**含有大量的卵磷脂和腦磷脂，可以補充大腦的營養。 ★ch6 [黑豆水果奶昔]（p.165）：**黑豆**結合水果，能提高鐵質、維生素E、胡蘿蔔素的吸收。 ★ch6 [黑豆南瓜糊]（p.166）：**南瓜**富含維生素B群，可改善疲勞。

食材	營養素與功效	書中代表之相關飲品
小米	小米中所含的維生素B1和B2分別高於大米1.5倍和1倍，更能促進能量的運用與代謝。	★ch5 [小米鮭魚蛋花米糊]（p.149）：**鮭魚**富含DHA，能補充大腦所需營養。
芝麻、核桃、花生、松子、腰果、南瓜籽	富含卵磷脂，增加腦細胞膜的流動性及腦細胞葡萄糖的濃度，使腦細胞更活躍，提升短期記憶力。	★ch5 [黑芝麻醬]（p.138）：自製**黑芝麻醬**可以搭配其他食材攪拌成漿，亦可抹吐司，非常百變。 ★ch5 [黑芝麻黑豆漿]（p.139）：**芝麻**結合**黑豆**，可補腎，具有健腦之效。 ★ch5 [黑芝麻南瓜糊]（p.140）：**黑芝麻**與**南瓜**都含有豐富的亞麻油酸，是促進大腦發育及神經傳導的重要物質；並且，**南瓜**的鋅含量豐富，可避免神經衰退、增進記憶力。
		★ch5 [黑芝麻黑木耳露]（p.142）：**黑木耳**熱量低、富含膳食纖維，有降低膽固醇的功效。 ★ch5 [核桃黑芝麻糊]（p.143）：**核桃**搭配**黑芝麻**，能補腎、補腦、降低膽固醇。

食材	營養素與功效	書中代表之相關飲品
 杏仁、松子、花生	含多元不飽和脂肪酸，DHA是大腦和神經的重要組成。	★ch5 [古早味杏仁茶]（p.146）：**杏仁**能提供許多大腦所需的營養。 ★ch5 [堅果杏仁米漿]（p.148）：**堅果**助不飽和脂肪酸吸收，能排出多餘膽固醇。 ★ch5 [花生巧克力牛奶]（p.151）：**花生**含有大量的卵磷脂和腦磷脂等補充神經系統營養的重要物質，可以幫助神經系統延緩衰退，補充大腦的營養，還可修復受損的腦細胞，增強腦細胞的活力，提高大腦的記憶力。**黑巧克力**中的可可脂對於認知能力有幫助，對於心血管系統也有保護作用。
銀耳 	富含卵磷脂，能增加腦細胞膜的流動性及腦細胞葡萄糖的濃度，使腦細胞更活躍，提升短期記憶力。	★ch6 [銀耳露]（p.170）：**白木耳**熱量低、富含膳食纖維，有降低膽固醇的功效。

食材	營養素與功效	書中代表之相關飲品
堅果類（南瓜籽、杏仁、黑芝麻、蓮子、花生、腰果、葵瓜子、鷹嘴豆）	含色胺酸：為大腦製造血清素及褪黑激素的原料。血清素能讓人放鬆，減緩神經活動而引發睡意。	★ch6 [蓮子銀耳堅果飲]（p.172）：**蓮子**搭配**銀耳**，能促腸胃消化。 ★ch6[蓮子銀耳山藥芝麻飲]（p.174）：**蓮子**搭配**山藥**，可健脾補腎，尤其是老人家的益腎法寶。 ★ch6 [腰果銀耳鳳梨蜜]（p.175）：**腰果**可抗氧化，延緩老化；**蓮子**搭配**銀耳**，能促腸胃消化。 ★ch6 [玫瑰銀耳甜酒釀]（p.176）：**白木耳**熱量低、富含膳食纖維，有降低膽固醇的功效。 ★ch6 [黑巧克力杏仁奶]（p.160）：**杏仁**搭配**黑巧克力**，能降低膽固醇。 ★ch6 [松子洋蔥南瓜杯湯]（p.162）：**松子**搭配**洋蔥**可防癌抗老；搭配**菇類**可提升免疫力。**南瓜**搭配**椰奶**與**洋蔥**，能增強免疫力，適合感冒時飲用。

食材	營養素與功效	書中代表之相關飲品
牛蒡	富含鉀，有助於降低血壓，促進良好的睡眠。	★ch6 [牛蒡枸杞茶]（p.180）：**牛蒡**可以鎮靜神經，對於有睡眠困擾的人，可飲用牛蒡茶代替咖啡，有提神及抗疲勞的功效。與**枸杞**搭配，更能達到靜心安神的效果。 ★ch6 [牛蒡紅蘿蔔湯]（p.181）：**牛蒡**搭配**紅蘿蔔**，可補充微量礦物質。
美國大杏仁	是營養豐富的天然食材，含有豐富的鎂，對腸胃有好處。此外，亦含有蛋白質、膳食纖維、維生素（如：維生素E）、礦物質。	★ch3 [手工原味杏仁奶]（p.093）：**杏仁**豐富的纖維質可幫助排便。 ★ch3 [酪梨杏仁奶]（p.094）：**酪梨**的油脂組成可以幫助腸胃蠕動，改善便祕，還有助於減輕腹瀉；而杏仁含的油脂及維生素E，也可以幫助潤腸，腸胃蠕動；更重要的是，**杏仁**的膳食纖維是番薯的4至5倍，易有飽足感又能促進腸道臑動，幫助便祕的改善。
優格	含鈣質與益生菌，可改善腸道環境、促進腸道蠕動。	★ch3 [蘑菇卡布奇諾優格濃湯]（p.096）：**蘑菇**可排除濕氣。

抽獎活動

一杯有感必備好物，料理輕鬆又省時！

活動詳情
請掃QRcode

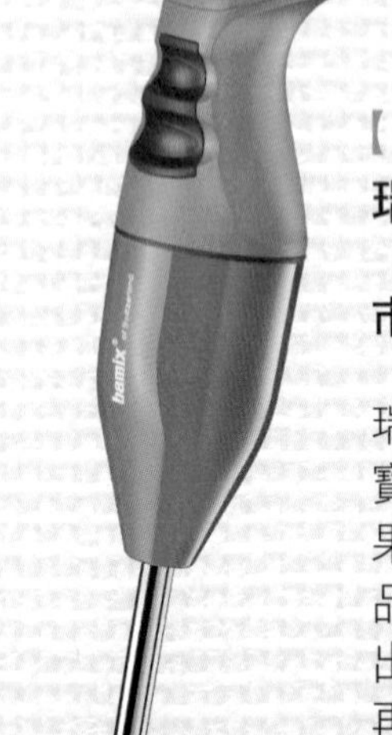

【瑞士製造】

瑞士bamix寶迷料理棒（經典款紅色）

市價：9,888元／盒

瑞士製造，被譽為「手持攪拌界的勞斯萊斯」的bamix寶迷料理棒，一機多用，搭配十字多功能刀頭，可打蔬果汁、米穀漿、精力湯、冰沙、冰淇淋、雪酪、副食品、濃湯、果醬、麵團；搭配圓形打發刀頭，可輕鬆打出奶泡、鮮奶油、奶昔、糖霜、奶油霜。有了這一支，再也不需要果汁機、食物調理機、豆漿機、奶泡機，製作少量料理也沒問題，非常符合現做現吃的健康飲食概念。

◆**贈品數量**：限量1盒

KUHN RIKON瑞士壓力鍋（單柄3.5L）

市價：10,800元／盒

頂級瑞士壓力鍋操作簡易，附有三道自動洩壓安全機制，安全靜音，是全世界零件最少的壓力鍋。有了瑞士經典壓力鍋，料理更省時，上壓1分鐘煮白飯、5分鐘竹筍、20分鐘滷豬腳，還能自己煮黃豆糙米粥、銀耳露、黑木耳露，通通一鍋搞定！

◆**贈品數量**：限量1個

我要抽：

☐ **【瑞士製造】瑞士bamix寶迷料理棒（經典款紅色）**
（市價9,888；限量1盒）

☐ **KUHN RIKON瑞士壓力鍋（單柄3.5L ）**
（市價10,800；限量1盒）

（限二選一。若對兩項獎品皆有興趣參加，則煩請購買至少兩本書。
一本書代表一個抽獎機會）

姓名：______________

性別：______________

聯絡電話（市話／手機）：____________________________

寄送地址：____

你是在什麼管道購買到這本書的呢：____________________

活動抽獎辦法：

1. 購買本書後，於抽獎表格中，填寫完整的個人資料。
2. 填寫完後，請以相機或手機，拍下本頁。
3. 拍下「購書發票」或「出貨單」的照片（出貨單為網購書店出貨時，隨附書的紙本出貨證明）。
4. 將步驟2.與步驟3.拍攝的照片，在活動期間內（**出版日起至2018/10/01止**），以「私訊」方式上傳至「捷徑book站」（https://www.facebook.com/royalroadbooks；或於FB上搜尋：捷徑book站）。

5. 出版社於活動期間不定期抽出數位中獎人，並於線上（捷徑book站）公布得獎人名單。
6. 由專人電話聯絡中獎人，確認聯絡資訊無誤後寄送贈品。

★本次活動期間：出版日起至**2018/10/01**止。
★為維護所有活動參加者之權利，上述步驟中，若有任一項未確實達成，則視為未完成報名。
★若有任何疑問，亦可於捷徑book站（https://www.facebook.com/royalroadbooks）以私訊方式詢問。
★本活動內容出版社擁有保留修改之最終權利。

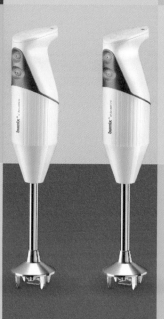

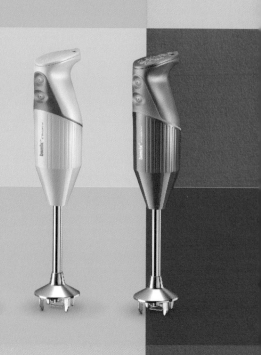

當個「週末大廚」吧！

一週兩天，解放你的料理魂！

天天做菜是種折磨，
但偶爾下廚是種浪漫！

全書4大主題，
超過90道週末料理，
讓零失敗料理職人，
解放你的料理小宇宙，
把一整個星期的
疲憊化成各種美味，
填滿你的胃口、
也填滿你美好的假期！

定價：台幣380元 / 港幣127元
1書 / 18開 / 彩色 / 頁數：208頁

體內自療一杯有感 減重×排毒×提升免疫力×好精神

對症飲品，一杯入口簡單見效！

作　　者　微微蔡、楊平
審　　定　陳詩婷
顧　　問　曾文旭
總 編 輯　王毓芳
編輯統籌　耿文國、黃璽宇
主　　編　吳靜宜
執行主編　姜怡安
執行編輯　黃筠婷
美術編輯　王桂芳、張嘉容
封面設計　阿作
校　　對　菜鳥
攝　　影　常克宇
法律顧問　北辰著作權事務所　蕭雄淋律師、幸秋妙律師

初　　版　2018年初版1刷
　　　　　2018年初版2刷
出　　版　捷徑文化出版事業有限公司
電　　話　（02）2752-5618
傳　　真　（02）2752-5619
地　　址　106 台北市大安區忠孝東路四段250號11樓-1

定　　價　新台幣380元／港幣127元
產品內容　1書

總 經 銷　采舍國際有限公司
地　　址　235 新北市中和區中山路二段366巷10號3樓
電　　話　（02）8245-8786
傳　　真　（02）8245-8718

港澳地區總經銷　和平圖書有限公司
地　　址　香港柴灣嘉業街12號百樂門大廈17樓
電　　話　（852）2804-6687
傳　　真　（852）2804-6409

▶本書部分圖片由 Shutterstock圖庫、123RF圖庫提供。

捷徑Book站

現在就上臉書（FACEBOOK）「捷徑BOOK站」並按讚加入粉絲團，
就可享每月不定期新書資訊和粉絲專享小禮物喔！

http://www.facebook.com/royalroadbooks
讀者來函：royalroadbooks@gmail.com

國家圖書館出版品預行編目資料

體內自療一杯有感：減重×排毒×提升免疫力×好精神 /微微蔡、楊平◎合著. -- 初版.
-- 臺北市：捷徑文化, 2018.07
　面；　公分(心纖系：014)
ISBN 978-957-8904-21-7 (平裝)

1.果菜汁 2.食譜

427.46　　107003441